风靡德国的儿童数学思维训练

数学虎 4

[德] 马蒂亚斯·海顿莱西

[德] 托马斯·劳比斯　　　著绘　刘婷婷 译

[德] 玛尔蒂娜·金克 – 克莱斯卡

U0260557

中国铁道出版社有限公司

CHINA RAILWAY PUBLISHING HOUSE CO., LTD.

北京市版权局著作权登记 图字 01-2014-1629 号

图书在版编目（CIP）数据

风靡德国的儿童数学思维训练. 数学虎. 4/（德）马蒂亚斯·海顿莱西，
（德）托马斯·劳比斯，（德）玛尔蒂娜·金克 - 克莱斯卡著绘；刘婷婷
译. — 北京：中国铁道出版社有限公司，2019.6
 ISBN 978-7-113-25683-8

Ⅰ. ①风… Ⅱ. ①马… ②托… ③玛… ④刘… Ⅲ. ①数学 - 儿童读
物 Ⅳ. ① 01-49

中国版本图书馆 CIP 数据核字（2019）第 064278 号

Published in its Original Edition with the title

Mathetiger 4

by Mildenberger Verlag GmbH, Germany

Copyright © Mildenberger Verlag GmbH, Germany

This edition arranged by Himmer Winco

© for the Chinese edition: China Railway Publishing House

本书中文简体字版由北京 Himmer Winco 文化传媒有限公司独家授予中国铁道出版社。
本书文、图局部或全部，未经同意不得转载或翻印。

书　　名：风靡德国的儿童数学思维训练：数学虎 4
著　　绘：［德］马蒂亚斯·海顿莱西　托马斯·劳比斯　玛尔蒂娜·金克 - 克莱斯卡
译　　者：刘婷婷

责任编辑：韩丽芳　　　　　　编辑部电话：010-51873697
编辑助理：王　鑫
责任印制：赵星辰

出版发行：中国铁道出版社有限公司（100054，北京市西城区右安门西街 8 号）
网　　址：http://www.tdpress.com
印　　刷：中煤（北京）印务有限公司
版　　次：2019 年 6 月第 1 版　　2019 年 6 月第 1 次印刷
开　　本：889 mm×1 194 mm　1/16　印张：7.25　附页：7　字数：220 千
书　　号：ISBN 978-7-113-25683-8
定　　价：29.80 元

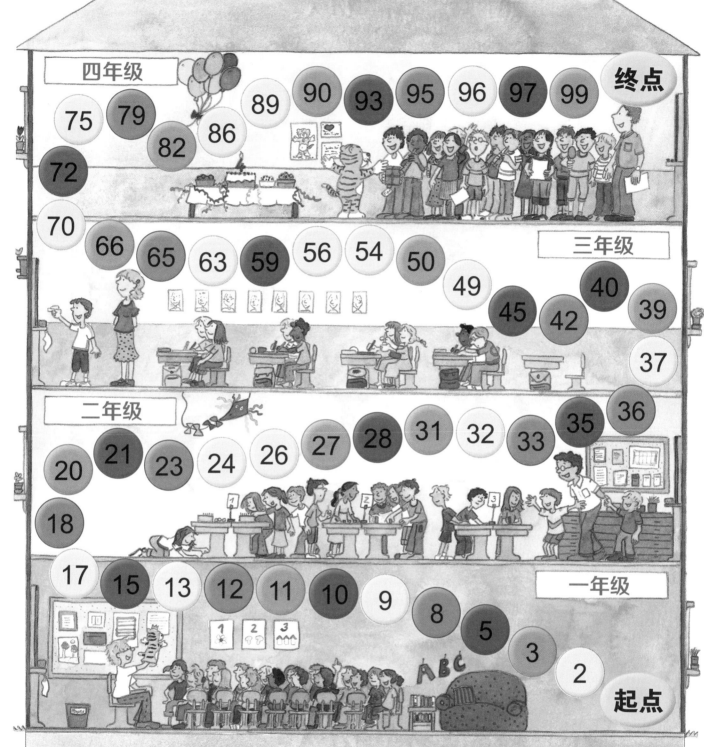

掷骰子游戏（适合 4 人玩）

掷骰子走格子，从一年级（起点）到四年级（终点）。

绿圈：你的同伴给你出 1 道两个自然数相乘的计算题。如果你解对了，就能待在原地不动；解错的话，就必须后退 3 步。

蓝圈：用你所在位置上的数除以你骰子上的点数。如果你解对了，按余数前进。若余数为 0，则待在原地不动。

红圈：你的同伴给你出 1 道两个自然数相加的计算题。如果你答对了，就前进 3 步；如果你答错了，就后退 3 步。

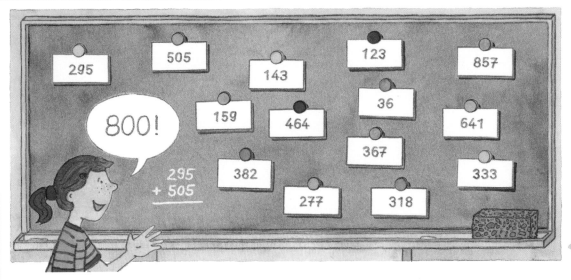

① 快速找出和等于整百的两个数，并列算式检查结果。

② 根据下面给出的方法，练习加法运算。你还知道别的方法吗？

心算 + 笔算

217 + 346 =
217 + 300 = 517
517 + 40 = 557
557 + 6 = 563

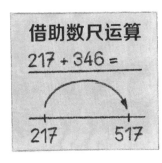

借助数尺运算

217 + 346 =

217   517

用数位符号运算

217 + 346 =

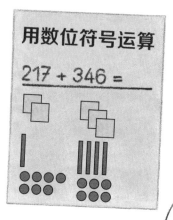

笔算

217
+ 346
1
563

加法运算的结果叫和。

选择适当的方法计算下面各题。

③ 340 + 520
715 + 175
296 + 408

④ 278 + 190
621 + 346
888 + 74

⑤ 506 + 308
169 + 391
413 + 587

⑥ 345 + 278 + 24
114 + 637 + 192
91 + 422 + 377

笔算加法。

⑦ 247 + 551

⑧ 190 + 676

⑨ 45 + 296

⑩ 391 + 210

⑪ 36 + 305 + 641

⑫ 429 + 370 + 123

⑬ 304 + 281 + 193

⑭ 635 + 369 + 276

⑮ 203 + 65 + 364 + 196

⑯ 48 + 249 + 350 + 251

⑰ 149 + 212 + 357 + 4

⑱ 609 + 340 + 8 + 43

答案

341	798	922
601	828	1 280
722	866	982
778	898	1 000

⑲ 填上空缺的数字，并换一种计算方法验算。

🐾 6 8
+ 4 9 🐾
8 🐾 5

5 🐾 9
+ 🐾 5 🐾
8 6 7

2 7 8
+ 3 🐾 6
🐾 5 🐾

⑳ 塞勒姆镇有三所小学：弗里茨鲍尔小学有 207 名学生，波伦小学有 75 名学生，赫曼敖尔小学有 96 名学生。总人数 378 人。（根据题目列算式计算。）

复习：减法

根据下面给出的方法，练习减法运算。

心算 + 笔算

527 - 264 =
527 - 200 = 327
327 - 60 = 267
267 - 4 = 263

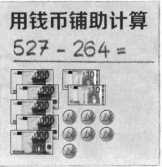

用钱币铺助计算
527 - 264 =

用数位符号运算
527 - 264 =

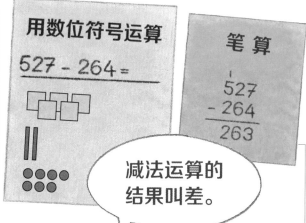

笔算

527
- 264
263

减法运算的
结果叫差。

① 527 减 264，说说你的计算方法。

选择适当的方法计算下面各题。

② 560 - 200
695 - 245
930 - 505

③ 481 - 209
704 - 107
355 - 280

④ 834 - 217
972 - 484
625 - 578

笔算减法。

⑤ 459 - 285
⑥ 934 - 716
⑦ 389 - 273
⑧ 707 - 601

⑨ 567 - 483
⑩ 895 - 529
⑪ 914 - 372
⑫ 666 - 197

⑬ 831 - 342
⑭ 784 - 296
⑮ 444 - 188
⑯ 777 - 399

答 案		
84	218	469
106	256	488
116	366	489
174	378	542

⑰ 填上空缺的数字，并换一种计算方法验算。

```
 7 4 🐾        8 🐾 3        9 🐾 🐾
-3 🐾 1       -5 7 🐾       -🐾 8 5
 🐾 9 8        🐾 3 7        4 3 5
```

⑱ 卡尔存了 713 欧元。周六他想去自行车店买一辆山地车，那辆山地车的价钱是 597 欧元。（根据题目列算式计算）

双人练习

⑲ 一人一张数位表做减法题。轮流掷一个 10 面骰子，把面朝上的数填入数位表的一个灰色格子里（如果掷到 10 就填 0，如果掷到两数之间就填任意数），然后做减法，谁的差小，谁就赢了。想一想，应该怎样填数。

百	十	个
－		

两数相乘的积					
4	6	8	9	10	12
14	15	16	18	20	21
24	25	27	28	30	32
35	36	40	42	45	48
49	50	54	56	60	63
64	70	72	80	81	90

> 这里都是两数相乘的积吗？

双人练习

① 从表格里为你的伙伴挑一个数，他必须说出一道积为该数的乘法算式。然后，你们交换角色继续练习。

② 从表格里至少找出五个数，以这些数为积可以列出多个乘法算式（在不用交换律的前提下），把这些算式写下来。

③	④	⑤	⑥	⑦	⑧
3 × 6 =	5 × 9 =	8 × 4 =	5 × 4 =	7 × 3 =	9 × 6 =
3 × 10 =	5 × 10 =	8 × 10 =	10 × 4 =	10 × 3 =	10 × 6 =
3 × 16 =	5 × 19 =	8 × 14 =	15 × 4 =	17 × 3 =	19 × 6 =
3 × 60 =	5 × 90 =	8 × 40 =	50 × 4 =	70 × 3 =	90 × 6 =
3 × 66 =	5 × 99 =	8 × 44 =	55 × 4 =	77 × 3 =	99 × 6 =

填表，并说出每题遵循的乘法规律。

⑨

汽车	1	2	5	8	10	12	15	18
轮胎	4							

⑩

星期	1	3	6	9		13	16	19
天数		21	.		70			

⑪

袋数	1	2	4	8	10	12	16	20
球				48				

> 乘法运算的结果叫积。

根据题目列算式计算。

⑫ 一箱矿泉水有 12 瓶，施尼策一家每月大约要喝 8 箱。

⑬ 马戏表演的门票成人 16 欧元，儿童半价。阿萨和布朗两家（共 4 个大人、5 个孩子）去看了下午场的演出。

⑭	⑮	⑯	⑰	⑱	⑲
4 × 60 =	70 × 3 =	5 × 15 =	18 × 3 =	7 × 45 =	54 × 4 =
2 × 80 =	40 × 8 =	8 × 13 =	12 × 6 =	3 × 82 =	26 × 8 =
7 × 50 =	90 × 6 =	4 × 19 =	14 × 9 =	6 × 67 =	38 × 9 =
9 × 40 =	20 × 4 =	7 × 18 =	16 × 8 =	5 × 79 =	97 × 6 =

① 马丽娅比较手链的价钱，她在计算每种样式的手链的单价，用哪些方法可以算出手链的单价？

② 21 ÷ 7 =　　③ 72 ÷ 8 =　　④ 40 ÷ 5 =　　⑤ 54 ÷ 9 =　　⑥ 49 ÷ 7 =
210 ÷ 7 =　　　720 ÷ 8 =　　　400 ÷ 5 =　　　540 ÷ 9 =　　　490 ÷ 7 =
231 ÷ 7 =　　　792 ÷ 8 =　　　440 ÷ 5 =　　　594 ÷ 9 =　　　539 ÷ 7 =

⑦ 再编一些这样的系列题。

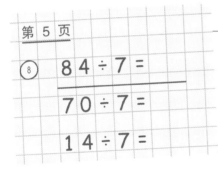

第 5 页

⑧ 8 4 ÷ 7 =

7 0 ÷ 7 =

1 4 ÷ 7 =

除法运算的结果叫商。

⑧ 84 ÷ 7 =　　⑫ 102 ÷ 6 =　　⑯ 135 ÷ 5 =
⑨ 144 ÷ 8 =　　⑬ 85 ÷ 5 =　　⑰ 184 ÷ 8 =
⑩ 64 ÷ 4 =　　⑭ 98 ÷ 7 =　　⑱ 196 ÷ 7 =
⑪ 135 ÷ 9 =　　⑮ 171 ÷ 9 =　　⑲ 150 ÷ 6 =

根据提目列算式计算。

⑳ 赫博小学有 153 名学生，共 9 个班。

㉒ 《萨姆斯》剧上演来了 368 位观众，有一半是孩子，共有 4 场演出。

㉑ 6 个孩子一起去动物园，车票和门票一共花费 108 欧元。门票和车票的花销一样多。

㉓ 保罗数了数他的乐高，他有 336 块五种不同颜色的乐高，112 块是红色的，其他颜色每种颜色的乐高数量相同。

找规律，并继续计算。

㉔ 45 ÷ 9 =　㉕ 56 ÷ 8 =　㉖ 54 ÷ 6 =　㉗ 28 ÷ 4 =　㉘ 49 ÷ 7 =　㉙ 24 ÷ 2 =
38 ÷ 9 =　　51 ÷ 8 =　　50 ÷ 6 =　　23 ÷ 4 =　　43 ÷ 7 =　　21 ÷ 2 =
31 ÷ 9 =　　46 ÷ 8 =　　46 ÷ 6 =　　18 ÷ 4 =　　37 ÷ 7 =　　18 ÷ 2 =
……　　　　……　　　　……　　　　……　　　　……　　　　……

① 说说电脑店的报价情况。

② 米登贝格先生为他的新办公室购置了 1 台平板电脑、1 个无线鼠标和办公软件。

③ 伍塔公司购置了 3 个无线鼠标、2 台多功能一体机和 2 个 22 寸显示屏。

④ 茂斯女士买了 1 台笔记本电脑和 1 台价格最优惠的打印机。

⑤ 格瑞夏有 1100 欧元，他买了 1 台配软件的个人电脑和 1 个显示屏。

⑥ 劳比斯先生为电脑公司购置了 1 台彩色激光打印机和四盒 DVD 盘。他用两张 200 欧元的钞票付款。

⑦ 拉拉有 430 欧元，她买了 1 个 27 寸的显示屏和 1 个固态硬盘，余下的钱她还买了 DVD 盘。

⑧ 自主设计题目。

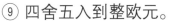

将下列的金额四舍五入，用 ≈ 符号。

⑨ 四舍五入到整欧元。

6.40 €	16.89 €
8.08 €	19.51 €
0.30 €	499.19 €

⑩ 四舍五入到整十或整百欧元。

71.90 €	207.15 €	349.85 €	970.10 €
46.46 €	850.95 €	28.63 €	453.21 €
14.89 €	555.05 €	181.18 €	606.06 €

① 8 × 10 =
3 × 12 =
5 × 17 =
4 × 15 =
7 × 14 =
6 × 11 =

② 8 × 20 =
3 × 70 =
4 × 50 =
5 × 60 =
2 × 90 =
6 × 80 =

③ 6 × □ = 18
3 × □ = 30
8 × □ = 64
5 × □ = 30
10 × □ = 40
4 × □ = 24

④ 40 × □ = 360
90 × □ = 630
60 × □ = 120
80 × □ = 240
50 × □ = 100
70 × □ = 560

⑤ 65 ÷ 5 =
48 ÷ 3 =
56 ÷ 4 =
32 ÷ 2 =
84 ÷ 6 =
98 ÷ 7 =

⑥ 140 ÷ 2 =
240 ÷ 4 =
180 ÷ 6 =
250 ÷ 5 =
320 ÷ 8 =
150 ÷ 3 =

⑦ 42 ÷ □ = 6
72 ÷ □ = 8
35 ÷ □ = 7
20 ÷ □ = 5
60 ÷ □ = 6
24 ÷ □ = 4

⑧ 450 ÷ □ = 50
280 ÷ □ = 70
180 ÷ □ = 30
270 ÷ □ = 90
480 ÷ □ = 80
540 ÷ □ = 60

⑨ 28 ÷ 3 =
19 ÷ 8 =
32 ÷ 5 =
38 ÷ 4 =
13 ÷ 2 =
34 ÷ 7 =

⑩ □ ÷ 6 = 6 余 5
□ ÷ 9 = 5 余 7
□ ÷ 7 = 2 余 6
□ ÷ 5 = 3 余 4
□ ÷ 3 = 9 余 2
□ ÷ 4 = 7 余 3

⑪ 一个数，乘 6，加 18，除以 3，减 17，得 3。

⑫ 一个数，除以 5，加 280，减 260，乘 7，得 420。

⑬ 25 + 45 =
36 + 54 =
22 + 28 =
39 + 21 =
13 + 67 =
64 + 36 =

⑭ □ + 87 = 96
□ + 56 = 65
□ + 49 = 53
□ + 68 = 74
□ + 35 = 42
□ + 74 = 81

⑮ 84 + □ = 100
48 + □ = 100
65 + □ = 100
56 + □ = 100
37 + □ = 100
73 + □ = 100

⑯ 660 + □ = 1 000
890 + □ = 1 000
710 + □ = 1 000
912 + □ = 1 000
555 + □ = 1 000
464 + □ = 1 000

⑰ 90 − 74 =
80 − 68 =
70 − 52 =
60 − 39 =
50 − 27 =
40 − 16 =

⑱ 76 − 26 =
93 − 43 =
54 − 34 =
81 − 61 =
69 − 59 =
47 − 17 =

⑲ 72 − □ = 50
84 − □ = 40
97 − □ = 60
63 − □ = 20
58 − □ = 30
46 − □ = 10

⑳ 100 − □ = 61
100 − □ = 43
100 − □ = 38
100 − □ = 29
100 − □ = 84
100 − □ = 77

① 用概算法、逆运算或交换律进行验算。

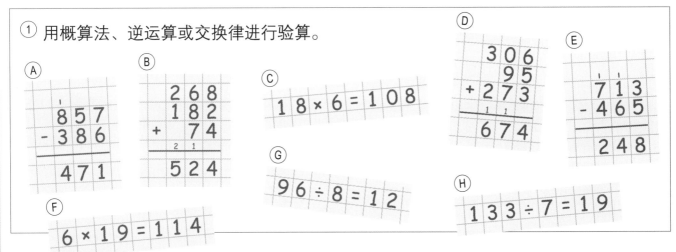

计算并用合适的方法验算，解释一下你为什么选择这种验算方法。

② 347 + 548 + 14　③ 726 − 162　④ 16 × 5 =　⑤ 128 ÷ 8 =
135 + 204 + 7　　　 570 − 308　　 13 × 9 =　　 162 ÷ 9 =
470 + 83 + 224　　 631 − 593　　 18 × 4 =　　　84 ÷ 6 =
531 + 189 + 34　　 806 − 440　　 17 × 7 =　　　51 ÷ 3 =

三个答案中只有一个是正确的。请问，怎样才能快速找出正确的答案？

⑥ 704 − 376 =　　⑦ 496 + 205 =　　⑧ 270 ÷ 6 =　　⑨ 64 × 7 =

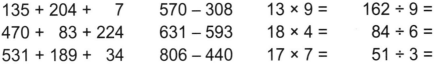

328
378
308
699　700
701
35
55　45
420
448　413

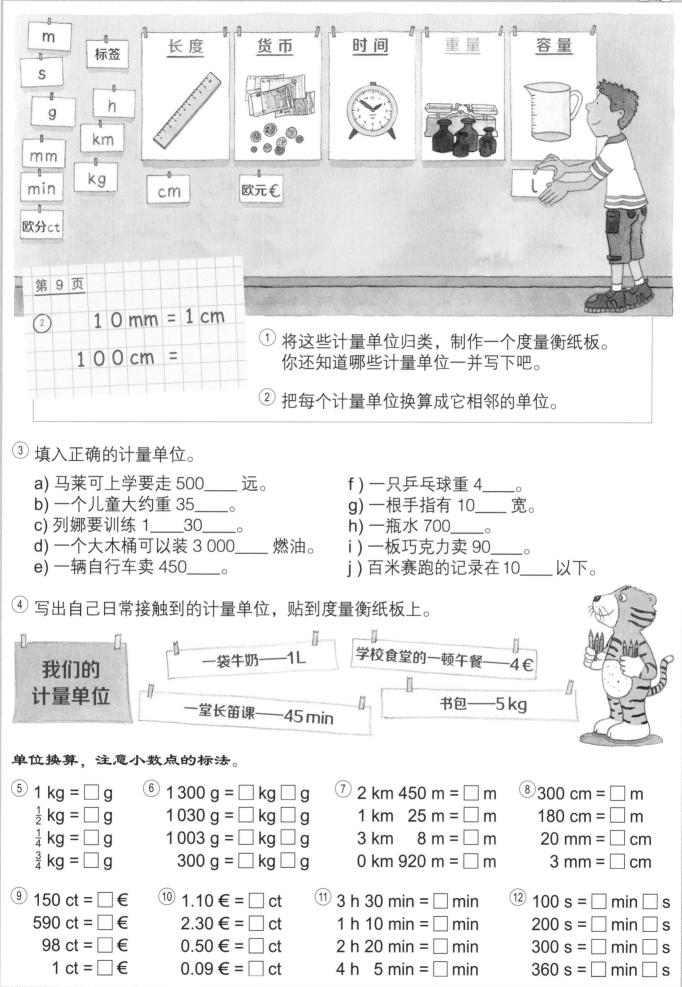

m 标签 长度 货币 时间 重量 容量
s h
g km
mm kg
min
欧分ct
cm 欧元€
l

第 9 页

② 10 mm = 1 cm
100 cm =

① 将这些计量单位归类，制作一个度量衡纸板。你还知道哪些计量单位一并写下吧。

② 把每个计量单位换算成它相邻的单位。

③ 填入正确的计量单位。

a) 马莱可上学要走 500____ 远。
b) 一个儿童大约重 35____。
c) 列娜要训练 1____30____。
d) 一个大木桶可以装 3 000____ 燃油。
e) 一辆自行车卖 450____。
f) 一只乒乓球重 4____。
g) 一根手指有 10____ 宽。
h) 一瓶水 700____。
i) 一板巧克力卖 90____。
j) 百米赛跑的记录在 10____ 以下。

④ 写出自己日常接触到的计量单位，贴到度量衡纸板上。

我们的计量单位

一袋牛奶——1L
学校食堂的一顿午餐——4€
一堂长笛课——45 min
书包——5 kg

单位换算，注意小数点的标法。

⑤ 1 kg = ☐ g
½ kg = ☐ g
¼ kg = ☐ g
¾ kg = ☐ g

⑥ 1 300 g = ☐ kg ☐ g
1 030 g = ☐ kg ☐ g
1 003 g = ☐ kg ☐ g
300 g = ☐ kg ☐ g

⑦ 2 km 450 m = ☐ m
1 km 25 m = ☐ m
3 km 8 m = ☐ m
0 km 920 m = ☐ m

⑧ 300 cm = ☐ m
180 cm = ☐ m
20 mm = ☐ cm
3 mm = ☐ cm

⑨ 150 ct = ☐ €
590 ct = ☐ €
98 ct = ☐ €
1 ct = ☐ €

⑩ 1.10 € = ☐ ct
2.30 € = ☐ ct
0.50 € = ☐ ct
0.09 € = ☐ ct

⑪ 3 h 30 min = ☐ min
1 h 10 min = ☐ min
2 h 20 min = ☐ min
4 h 5 min = ☐ min

⑫ 100 s = ☐ min ☐ s
200 s = ☐ min ☐ s
300 s = ☐ min ☐ s
360 s = ☐ min ☐ s

复习：时间的计算

开始 起点 出发 起飞　　持续时间，行驶时间，飞行时间　　结束 终点 到达 着陆

14:20 ⟶ h min ⟶ 18:10

借助箭头图解答下列各题。

① 朗先生一家周日骑车出游，他们 14:20 出发，18:10 返回家里。

② 库兹家也骑车出游，他们同样 14:20 出发，在路上花了 4 小时 30 分钟。

③ 布莱特一家当天也骑车出游，路上花了 3 小时 40 分钟，19:00 才回到家里。

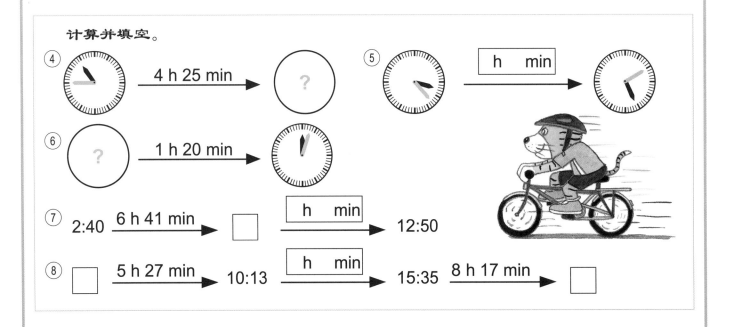

计算并填空。

④ [时钟] ⟶ 4 h 25 min ⟶ ?

⑤ [时钟] ⟶ h min ⟶ [时钟]

⑥ ? ⟶ 1 h 20 min ⟶ [时钟]

⑦ 2:40 ⟶ 6 h 41 min ⟶ ☐ ⟶ h min ⟶ 12:50

⑧ ☐ ⟶ 5 h 27 min ⟶ 10:13 ⟶ h min ⟶ 15:35 ⟶ 8 h 17 min ⟶ ☐

⑨ 皮娅 15:10 从家里出发，15:20 与朋友见面，两人一起玩了 2 小时 35 分钟。18:00 皮娅必须赶回家。请问：
a) 皮娅回家需要多长时间？
b) 她离开家多久？

⑩ 一架飞机 11:26 从法兰克福起飞，1 小时 34 分钟后在巴塞罗那降落，并停留 45 分钟。之后继续飞行 50 分钟抵达帕尔玛。

⑪ 体育协会去休闲公园玩。行程如下：
7:45 从体育场出发　　18:30 从休闲公园出发
9:20 抵达休闲公园　　20:00 抵达体育场

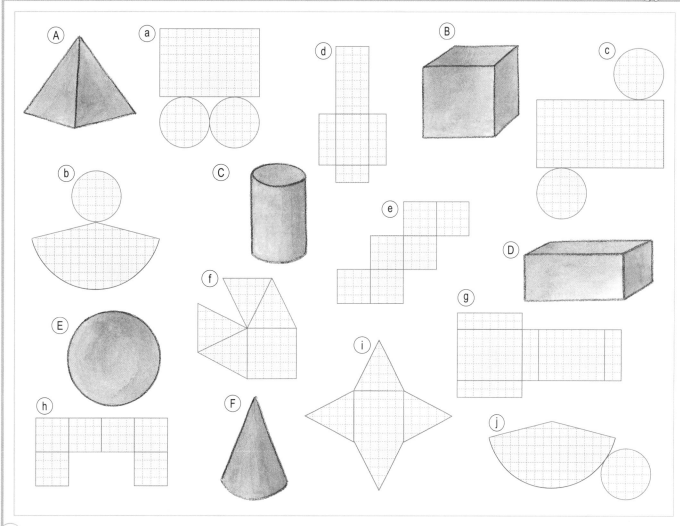

① 展开图ⓐ～ⓙ中有哪些折不成几何体？请将它们找出并做解释。

② 将几何体的展开图放大画在格子纸上，将折起后相对的平面涂上相同的颜色。

③ 将折起的几何图形涂色。

④ 剪下展开图，折叠以检查你之前的答案。

⑤ 几何体由平面组成。每个几何体有几个面？把数量填入下面的表中。

面\几何体	正方形	长方形	三角形	圆形	扇形
正方体	6				
长方体					
圆锥体					
金字塔体					
圆柱体					
球体					

⑥ 下面平面图中各有几个三角形、正方形和长方形？把图放大一倍画在练习本上，用不同的颜色画出不同的形状。

a)

b)

① 安娜有一盒夹心巧克力糖，盒里有 6 排，每排 12 颗糖。安娜的哥哥偷偷拿走了最外面一圈。
他拿走了多少颗糖？
安娜还剩下多少颗糖？

② 写出每个字母代表的数字，让该算式成立。相同的字母代表相同的数字。

```
  I C H
+ B I N
-------
  F I T
```

③ 假期过后，孩子们都在谈论自己的假期是怎么过的：
· 卡罗拉出门 1 周。
· 有个孩子去了德国的北海岸度假 2 周。另一个孩子去国外的海边度假 3 周。
· 艾伦去了意大利。
· 亚历山大外出旅行的时间是卡罗拉的两倍。
· 一个女生去奥地利走亲戚。
· 朱利安去法国海边度假。
· 一个女生远足 2 周。
请问：卡罗拉、艾伦、亚历山大、朱利安分别去哪里度假了？他们的假期是多长时间？

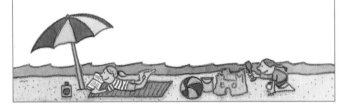

④ 马库斯和莱昂赛跑，莱昂跑100米时，马库斯才跑了75 米。莱昂让马库斯先跑100 米，请问，莱昂要跑多少米才能赶上马库斯？

⑤ 画 4 条直线把这 9 个点连起来，要求铅笔不能离开纸面，且线条不得重复。

附页 1：符号卡

1万   1万   1万

1万   1万   1万

1万   1万   1万

1千 1千 1千 1千 1千 1千 1千 1千 1千

1十 1十 1十 1十 1十 1十 1十 1十 1十

1百 1百 1百 1百 1百 1百 1百 1百 1百

附页 2：数位表

百万	十万	万	千	百	十	个

百万	十万	万	千	百	十	个

0　1　2　3　4　5　6　7

0　1　2　3　4　5　6　7

0　1　2　3　4　5　6　7

8　8　8　9　9　9

第 49 页拼图游戏

第 73 页拼板

德国的长度	地球的周长	一个足球场的长度	一个浴缸的容积
1 000 km	40 000 km	100 m	200 L

一个油罐车的容积	一勺咳嗽糖浆的容量	一罐蔬菜罐头的容量	一本数学书的价格
40 000 L	5 ml	200 ml	16 €

一台电脑的价格	一辆公共汽车的价格	一个乒乓球的重量	一头犀牛的重量
1 000 €	350 000 €	4 g	3 t

一辆私人小汽车的重量	小学业的年数	闰年的天数	百米跑世界纪录
1 000 kg	6 年	366 天	9.58 秒

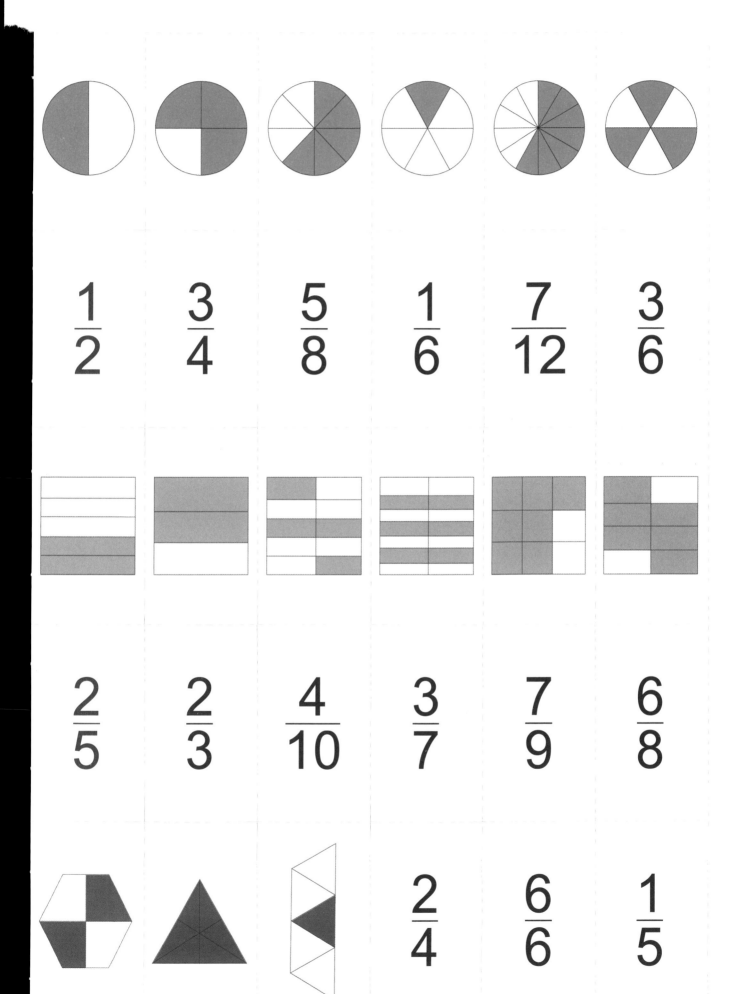

四则运算

<table>
<tr><td>加法   ⊕   加
246
+ 357
11
603</td><td>数
+ ,
和</td><td>减法   ⊖   减
I
726
− 354
372</td><td>被减数
− 减数
差</td></tr>
</table>

<table>
<tr><td>乘法   ⊗   乘
234 × 5
1170</td><td>因数 × 因数
积</td><td>除法   ÷   除
84 ÷ 3 = 28
6
24
24</td><td>被除数 ÷ 除数 = 商</td></tr>
</table>

运算法则

乘法（×）和除法（　　）称为点运算
加法（＋）和减法（−　　为线运算

交换律

加法和乘法运算里，加数之间，乘数（因子）之间可以互换位置，得数不变。

3 + 8 = 11
8 + 3 = 11
4 × 5 = 20
5 × 4 = 20

带括号的运算法则

有括号先算括号里的。

5 × (3 + 4) = □
5 × 　7 　 = □

先乘除后加减

做乘法和除法运算，再做加法和

3 　　5 = □ 　　37 − 20 ÷ 5 =
3 + 　　= 23 　　37 − 　4 　= 33

量

重量

1 000 千克 =1 吨   1 000 克 =1 千克

1 000 kg = 1.000 t = 1 t   1 000 g = 1.000 kg = 1 kg
750 kg = 0.750 t = $\frac{3}{4}$ t   750 g = 0.750 kg = $\frac{3}{4}$ kg
500 kg = 0.500 t = $\frac{1}{2}$ t   500 g = 0.500 kg = $\frac{1}{2}$ kg
250 kg = 0.250 t = $\frac{1}{4}$ t   250 g = 0.250 kg = $\frac{1}{4}$ kg
125 kg = 0.125 t = $\frac{1}{8}$ t   125 g = 0.125 kg = $\frac{1}{8}$ kg

时间

1 年 = 　　月
1 个闰年　　6 天
1 个月约 4　　
1 天 = 24 小时（　　）
1 h = 60 分钟（　　）
1 min = 60 秒（ s

长度

1 000 米 =1 千米   100 厘米 =1 米

1 000 m = 1.000 km = 1 km   100 cm = 1.00 m = 　1 m
750 m = 0.750 km = $\frac{3}{4}$ km   50 cm = 0.50 m = 　$\frac{1}{2}$ m
500 m = 0.500 km = $\frac{1}{2}$ km   10 cm = 0.10 m = 　1 dm
250 m = 0.250 km = $\frac{1}{4}$ km   1 cm = 0.01 m = 10 mm
125 m = 0.125 km = $\frac{1}{8}$ km

容积 / 体积

1 升 =1 000 毫升

1 000 ml = 1.000 L = 1 L
750 ml = 0.750 L = $\frac{3}{4}$ L
500 ml = 0.500 L = $\frac{1}{2}$ L
250 ml = 0.250 L = $\frac{1}{4}$ L
125 ml = 0.125 L = $\frac{1}{8}$ L

须知 2

一个数的约数是指这个数可以被它整除。 12 的约数有：1、2、3、4、6、12。	一个数的倍数是指这个数乘以任意自然数的积，有无限个。 7 的倍数有：7、14、21、28、35、42……	质数是只能被 1 和它本身整除的自然数。 有：2、3、5、7、11、13……	横加数是一个数各位数上的和。 7 203 的横加数是 7 + 2 + 0 + 3 = 12

整除法则

能被 2 整除：
这个数是偶数。
378 ÷ 2 = 189

能被 3 整除：
这个数的横加数能被 3 整除。
807 能被 3 整除，因为 8 + 0 + 7 = 15，15 能被 3 整除。

能被 4 整除：
这个数的后两位数能被 4 整除。756 能被 4 整除，因为 56 能被 4 整除。

能被 5 整除：
这个数的个位数能被 0 或 5 整除。
360 ÷ 5 = 72
485 ÷ 5 = 97

能被 6 整除：
这个数既能被 2 整除，又能被 3 整除。
522 能被 6 整除，因为它既是偶数，且横加数等于 9。

能被 9 整除：
这个数的横加数能被 9 整除。
3 807 能被 9 整除，因为 3 + 8 + 0 + 7 = 18，18 能被 9 整除。

解题辅助

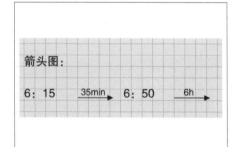

表格：

纸板	横杆
1	8
2	16
5	40
10	80
30	240

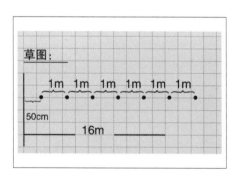

图表

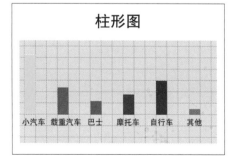

柱形图

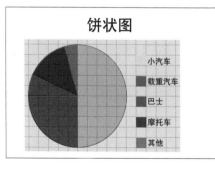

饼状图

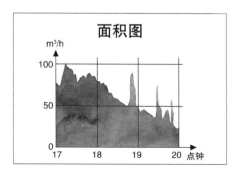

面积图

分数

 $\frac{1}{2}$

 $\frac{1}{3}$

$\frac{1}{4}$

 $\frac{1}{6}$

$\frac{1}{8}$

附页 7：须知 3

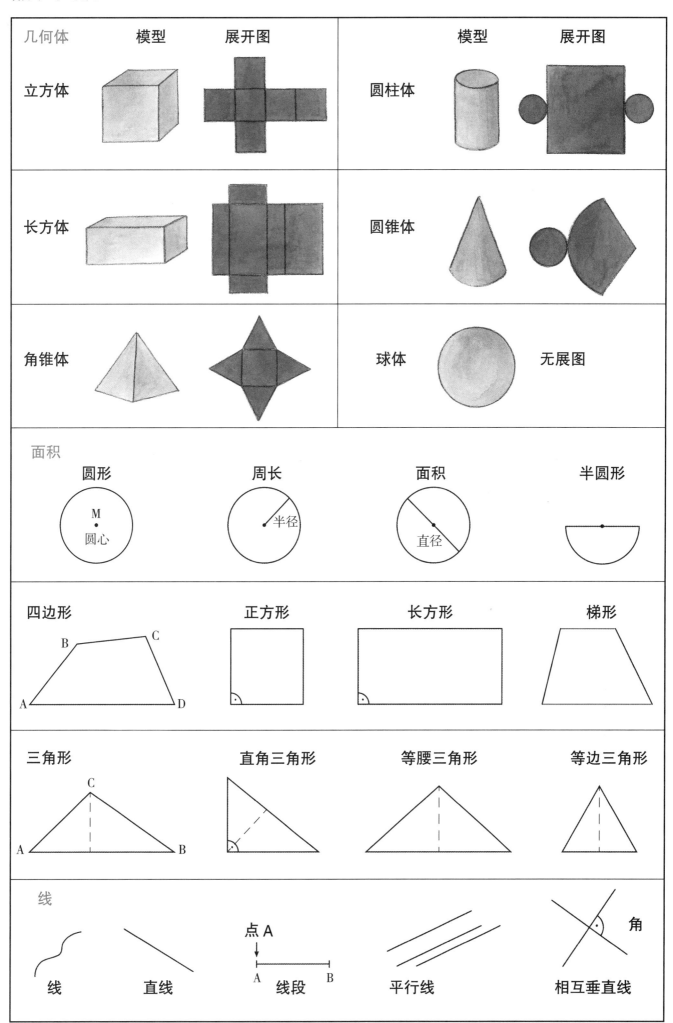

几何体	模型	展开图		模型	展开图
立方体			圆柱体		
长方体			圆锥体		
角锥体			球体		无展图

面积

圆形　　　　　周长　　　　　面积　　　　　半圆形

M
圆心　　　半径　　　直径

四边形　　　　正方形　　　　长方形　　　　梯形

B　C
A　　　D

三角形　　　直角三角形　　等腰三角形　　等边三角形

C
A　　　B

线

线　　直线　　　点 A　　　　平行线　　　相互垂直线
　　　　　　　A　线段　B　　　　　　　　　角

须知 4

建筑图纸与视图

方格建模	正视图	后视图
	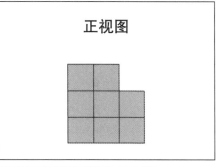	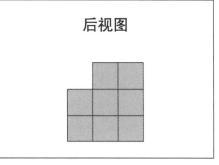

设计图	左视图	右视图
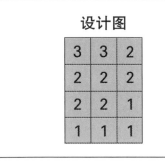	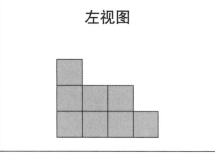	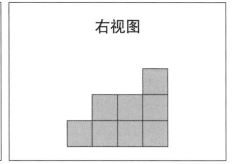

对称

对称	不对称	对称轴
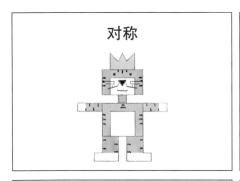		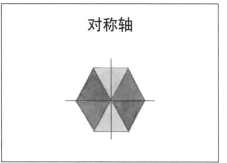

镜面对称	旋转对称	图形平移
		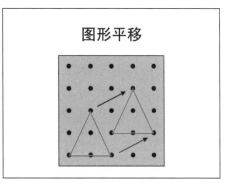

面积与周长

比例尺

面积	周长	比例尺
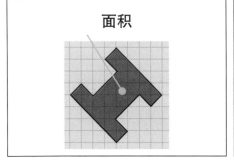	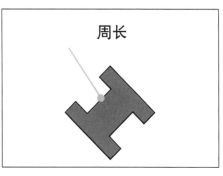	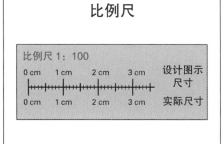

报纸上的大数据

出租汽车开了 460 万公里

相当于绕地球 115 圈，或者在地球与月球间往返六次——这辆柴油汽车在它的行驶生涯里创下了汽车行驶最长路途的记录。它是一辆出租车，它的希腊车主在巴尔干半岛冲突期间用它运了 800 多次药品。

出生率下降

2011 年德国新生儿比 2010 年减少了约 15 000，新生儿总数为 662 712 名。出生人数降低了两个多百分点。过去的 20 年里，新生儿人数最多的是 1997 年，有 812 173 名。

德国玩具市场增长

市场研究员表示，德国玩具市场容量从 2006 年~ 2010 年增长了足足 23%。2010 年的总销售额预即将达到 590 900 万欧元，即玩具年人均消费 72.46 欧元。

巨大的蚂蚁殖民地

众所周知，蚂蚁是一种能建立王国的昆虫。蚂蚁王国的居民少则几百只，多则两亿多。已知的最大的蚂蚁殖民地绵延 5 760 公里，沿着意大利的里维埃拉海岸直至西班牙的西北部，共有几百万个蚁穴，有几十亿只蚂蚁聚居于此。这一庞大的殖民地是被瑞士生物学家劳伦特·凯勒（Laurent Keller）发现的。

欧洲公园的游客人数创下新高

德国最大的休闲公园——位于卢斯特的欧洲公园依然非常受欢迎。2012 年有超过 4 500 万游客光临 13 个主题区，体验 100 多个游玩项目。公园自 1975 年 7 月 12 日开放以来已经接待了 9 000 多万游客。

最吸引游客的项目要属"超级过山车"。自 2012 年 3 月 31 日投入使用以来，"超级过山车"已运行了约 100 000 次，载客 250 万人。

小组练习

① 讨论一下这几则消息，哪些数字你们认识？

② 收集有关大数据的剪报和图片，制成一张大纸板作展示（附页 2）。

③ 你们认为数量 100（一百）、1 000（一千）、10 000（一万）、100 000（十万）、1 000 000（一百万）有多少？

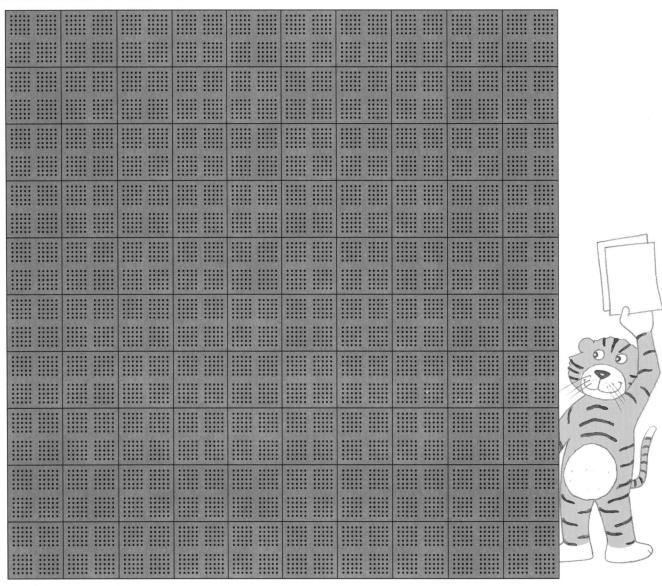

① 说说万点场是怎么制作的。
你可以用下面这些词进行描述：个、十、百、千、万。

② 指出下面的点数，把剩余的点遮住。

a) 300 点 　　c) 2 500 点 　　e) 7 500 点 　　g) 3 590 点
b) 1 700 点 　　d) 5 000 点 　　f) 10 000 点 　　h) 5 555 点

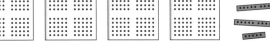

小组练习

③ 用点带表示大数据，把个位涂成蓝色，十位涂成红色，百位涂成黄色，千位再次涂成蓝色，万位涂成红色。

a) 3 467 　　b) 8 005 　　c) 10 000 　　d) 6 666 　　e) 4 930 　　f) 7 509 　　g) 5 731

① 将数、数位与符号卡对应起来。

② 用如下方式描述十进制的组成：
- 10 个蓝点等于 1 个红条（10 个 = 1 十）
- 10 个红条等于 1 个黄色正方形（10 十 = 1 百）
- 10 个……

注意：
$10 \times 1 = 10$
$10 \times 10 = 100$
$10 \times 100 = 1000$
$10 \times 1000 = 10\,000$
$10 \times 10\,000 = 100\,000$

下面用符号卡表示的数是多少？

写出加法算式，如：$40000 + 3000 + 500 + 60 + 5 = 43565$。

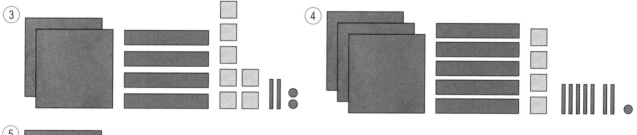

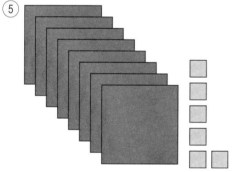

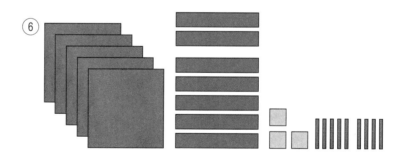

双人练习

⑦ 用符号卡（附页 1）表示下面的数。
a) 37 046   c) 18 430   e) 23 456
b) 61 508   d) 70 072   f) 40 302

⑧ 用符号卡摆一个数，让你的伙伴读出它，并写下来。

小组练习

① 这些孩子表示的数各是多少？
每样东西表示的数位是多少？

② 想一想还可以用什么方法来表示数，并介绍给其他同学。

③ 把你们的数填入数位表。

万	千	百	十	个

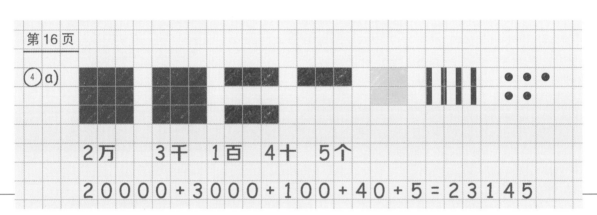

第16页

④ a)

2万　3千　1百　4十　5个

20000 + 3000 + 100 + 40 + 5 = 23145

从下面各题里任意选几个数画符号来表示，用三种方法表示下面的数。

④ a) 2万3千1百4十5个　　c) 6千5百4十3个　　e) 9千6十4个
　 b) 1万4千5十8个　　　　d) 3万4百7个　　　　f) 4万4百6十

⑤ a) 3百2千7十1个4万　　c) 5千5个4十4百　　e) 5万8十6个1千
　 b) 9个3万6百3千1十　　d) 2十7百1千3个　　f) 5百4千7个2万

⑥ a) 42 159　　c)　6 081　　e) 31 030
　 b) 10 735　　d) 27 402　　f) 50 505

⑦ 在数位表里摆放十张符号卡片（如图）。

a) 读出它表示的数位（值）。
b) 改变一张符号卡片的位置，使它表示的数位（值）尽可能大（或小）。
c) 写出可以用这十张符号卡片摆出的其他的数。
d) 写出可以用这十张符号卡片摆出的最大的（或最小的）数值。

万	千	百	十	个
●●●	●	●	●●●	●●

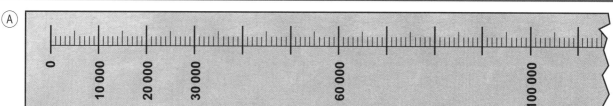

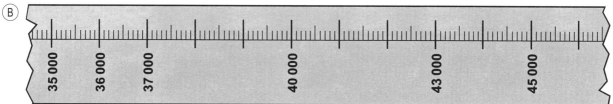

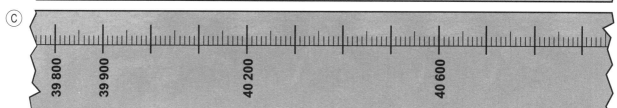

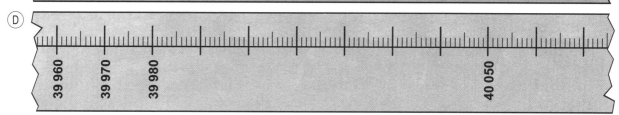

① 仔细观察本页上的数尺，每条数尺上的刻度代表多少？

② 在哪条数尺上可以准确找到下面的数？为什么？

a) 35 000, 36 000, 37 000, 38 000……   d) 39 870, 39 970, 40 070, 40 170……

b) 76 000, 78 000, 80 000, 82 000……   e) 39 992, 39 995, 39 998, 40 001……

c) 37 500, 37 600, 37 700, 37 800……   f) 40 025, 40 031, 40 037, 40 043……

③ 在其中一条数尺上找出下面的数，并写出它的前一个数和后一个数。

a) 39 971   e) 36 300   i) 117 000

b) 40 010   f) 38 800   j) 131 000

c) 39 999   g) 44 500   k) 180 000

d) 40 420   h) 45 100   l) 100 000

	前一个数	一个数	后一个数
a)	39 970	39 971	39 972
b)	40 009	40 010	

双人练习

④ 在数尺上找一个数，让你的伙伴说出它的前一个数和后一个数。

⑤ 3 × 19 =	⑥ 9 × 11 =	⑦ 2 × 12 =	⑧ 1 × 11 =	⑨ 18 × 2 =	⑩ 19 × 2 =
4 × 18 =	8 × 12 =	4 × 14 =	3 × 13 =	16 × 4 =	17 × 3 =
5 × 17 =	7 × 13 =	6 × 16 =	5 × 15 =	14 × 6 =	15 × 4 =
……	……	……	……	……	……

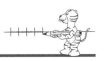

① 认真观察本页上所有的数尺，你得出了什么结论？

② 写出字母Ⓐ～Ⓕ所代表的数。

写出它们相邻的整万数。

例如Ⓐ：0 < 8 000 < 10 000

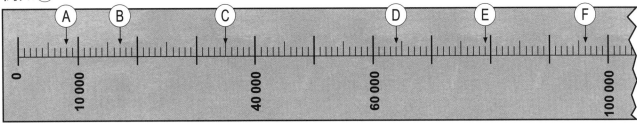

③ 写出字母Ⓖ～Ⓛ所代表的数。

写出它们相邻的整千数。

例如Ⓖ：20 000 < 20 100 < 21 000

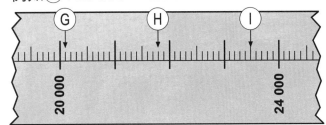

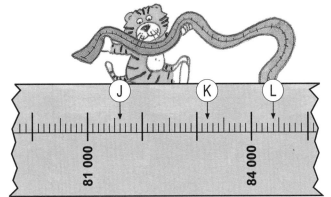

④ 写出字母Ⓜ～Ⓡ所代表的数。

写出它们相邻的整百数。

例如Ⓜ：56 700 < 56 780 < 56 800

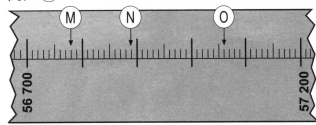

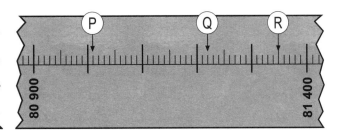

⑤ 写出字母Ⓢ～Ⓧ所代表的数。

写出它们相邻的整十数。

例如Ⓢ：34 360 < 34 365 < 34 370

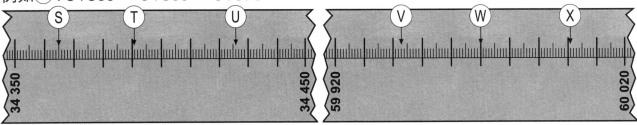

⑥ 算出数字Ⓜ～Ⓡ的相邻整千数。

例如：Ⓜ = 56 780   56 780 + 220 = 57 000   56 780 - 780 = 56 000

⑦ 算出数字Ⓢ～Ⓧ的相邻整百数。

例如：Ⓢ = 34 365   34 365 + 35 = 34 400   34 365 - 65 = 34 300

规律：
+ 4 000

23 000   27 000   31 000   35 000   39 000   ?   ?

① 写出每个数列的计算规律，以及后面的 5 个数。

a) 64 000, 64 500, 65 000, 65 500……

b) 27 900, 29 000, 30 100, 31 200……

c) 45 800, 44 300, 42 800, 41 300……

d) 81 000, 80 200, 79 400, 78 600……

e) 18 300, 18 700, 19 700, 21 100……

f) 67 230, 68 330, 68 130, 69 230……

g) 57 150, 57 000, 56 500, 56 350……

h) 35 410, 35 435, 35 235, 35 260……

 ② 设计一个数列给你的伙伴。

每个数列里都有数错了，找出并修改。

③ 35 600, 32 600, 29 600, 26 600, 22 600, 20 600, 17 600

④ 49 250, 50 000, 50 750, 51 400, 52 250, 53 000, 53 750

⑤ 55 555, 50 555, 50 505, 45 505, 45 455, 40 455, 40 450

⑥ 67 645, 77 945, 77 045, 87 345, 86 445, 96 845, 95 845

当心出错了！

⑦ 把下面的数凑成 100 000。

a) 34 000   c) 87 500   e) 59 750   g) 89 925   i) 62 349

b) 23 000   d) 91 000   f) 28 900   h) 10 075   j) 7 165

⑧ 1 2 3 4 5 6 7 8 9

选 8 张卡片组成两个 4 位数。

a) 求两个数的差。

b) 怎样组合能使两个数的差最大？

c) 写出解题过程。

⑨ a) 再想一想，要使两个数的差最小，这两个数应该是多少？

b) 与你的伙伴交换看法，并计算。

双人游戏——掷数字

⑩ 两人轮流掷一个 10 面骰子，并把面朝上的数字各自填入数位表的一栏里。5 轮后比一比谁的数大（或小），谁就赢 1 分。

万	千	百	十	个	得分
7	9	4	5	2	

万	千	百	十	个	得分
8	3	7	4	1	●
6					

口算。

① 40 000 + 25 000 =
30 000 + 52 000 =
61 000 + 19 000 =
28 000 + 5 000 =
54 000 + 16 000 =
17 000 + 17 000 =

② 6 000 + 58 000 =
13 000 + 700 =
49 000 + 90 =
500 + 50 000 =
800 + 88 000 =
300 + 33 300 =

③ 90 000 − 45 000 =
70 000 − 38 000 =
49 000 − 29 000 =
53 000 − 7 000 =
86 000 − 14 000 =
62 000 − 34 000 =

④ 68 000 − 800 =
24 000 − 12 500 =
91 000 − 900 =
87 000 − 8 000 =
39 000 − 31 600 =
55 500 − 25 000 =

笔算。

⑤ 45 271 + 17 958
20 894 + 56 370
36 029 + 61 956
19 642 + 75 879

⑥ 2 539 + 3 768 + 1 094
4 851 + 937 + 2 968
12 893 + 35 079 + 46 997
30 724 + 8 490 + 905

⑦ 48 576 − 32 451
67 359 − 41 638
91 648 − 53 527
83 021 − 29 065

⑧ 864 − 579
7 531 − 2 468
98 765 − 56 789
10 203 − 4 050

⑨ 读下面的数，然后用数字表示。
a) 七千六百一十五
b) 八万三千两百零六
c) 一万四千零九十八
d) 两千四百七十六
e) 五万五千五百零五
f) 四万七千一百一十一

正确排列数位，并用数字表示。

⑩ a) 3千6个5百7十8万
b) 4十9百1万2个
c) 5个2万6百1千
d) 8百3万7千5十

⑪ a) 2个4百6万
b) 3十1千5百
c) 9百9个9万
d) 43个8万16百

⑫ 一个四位数，十位上的数是个位的两倍，百位是十位的两倍，千位是百位的两倍。

⑬ 一个五位数，百位上是8，万位上的数是百位上的一半，其他数位上都是0。

⑭ 找规律，写出后面的至少3个数。
a) 95 000, 89 000, 83 000, 77 000……
b) 3 699, 13 699, 23 699, 33 699……
c) 4 182, 9 182, 14 182, 19 182……
d) 99 500, 86 500, 73 500, 60 500……
e) 11 520, 13 520, 15 520, 17 520……
f) 87 600, 86 100, 84 600, 83 100……
g) 500, 20 500, 20 400, 40 400……
h) 22 080, 20 080, 26 080, 24 080……

十万	万	千	百	十	个	
	3	4	7	6	9	≈ 34700
	3	4	7	6	9	≈ 34800
	3	4	7	6	9	≈ 35000
	3	4	7	6	9	≈ 30000
	3	4	7	6	9	≈ 0

四舍五入到十位
四舍五入到百位
四舍五入到千位
四舍五入到万位
四舍五入到十万位

用四舍五入法则求近似值。

① 求近似值到十位
a) 27 642　b) 19 351　c) 30 103　d) 64 996　e) 6 890

② 求近似值到百位
a) 82 531　b) 46 139　c) 99 674　d) 56 049　e) 67 860

③ 求近似值到千位
a) 64 983　b) 13 498　c) 42 789　d) 88 992　e) 365

④ 求近似值到万位
a) 75 149　b) 51 515　c) 24 753　d) 95 000　e) 7 005

四舍五入法则：
• 划出你要四舍五入到哪位数。
• 该数右侧的数若大于或等于5就进1位。
• 该数右侧的数若小于5就把尾数去掉。

⑤ 一个数近似值到千位得 27 000，这个数可能是多少？

⑥ 近似值到千位得 27 000 的最大值和最小值。

⑦ 下面是一些数的近似值，这些数分别近似到了哪位数？求这些数可能的最大值和最小值。
a) 36 000　b) 60 000　c) 5 700　d) 1 420　e) 13 000　f) 25 300　g) 90 000

用概算法计算，再与精确计算的结果进行比较。

⑧ a) 35 692 + 56 209
b) 17 803 + 9 746 + 68 458
c) 23 962 + 14 672 + 49 006

⑨ a) 24 962 + 88 + 707 + 46 576
b) 6 + 4 918 + 357 + 89 743
c) 98 + 765 + 4 321 + 12 345

⑩ a) 81 302 − 57 639
b) 62 046 − 38 941
c) 91 230 − 86 705

⑪ 科勒家为新房子买家具，他们的预算开支不超过 30 000 欧元。他们已经挑选了下列东西：厨房家具 14 985 欧元，客厅家具 9 150 欧元，餐厅家具 3 499 欧元，床 2 879 欧元。科勒家付得起吗？用概算法解答。

① 说说这些数为什么会叫作 "ANNA 数"。

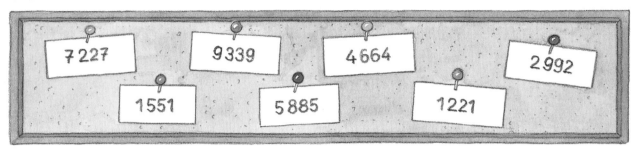

② 每个 "ANNA 数" 都有一个对应数，如：6446 的对应数是 4664，将这些 "ANNA 数" 与他们的对应数相减，你会有什么发现？

a) 4334   b) 9889   c) 7667   d) 6556   e) 5445
   − 3443   − 8998   − 6776   − 5665   − 4554

③ 写出下面这些 "ANNA 数" 的对应数，求两数的差。

a) 5335   b) 9779   c) 4224   d) 3113   e) 8668

④ 仔细观察题②和题③中的 "ANNA 数" 及与对应数的差，求解下面各题。

a) 3223   b) 6446   c) 8778   d) 7557   e) 2112
   − 2332   − 4664   − 7887   − 5775   − 1221

⑤ "ANNA 数" 与其对应数的差的数列（称为 "891 数列"）如下：
891, 1782, 2673, 3564, 4455, 5346, 6237, 7128, 8019, 8910

a) 你能预先说出 "ANNA 数" 与其对应数的差吗？提示：注意每位数之间的差。
b) 将你的猜测与上面的 "ANNA 数" 作比较。

⑥ 判断下面说法的正误。

a) 题⑤里最小的得数是 891。
b) 题⑤里最大的得数是 8910。
c) "ANNA 数" 与其对应数的差是也 "ANNA 数"。
d) 如果两个 "ANNA 数" 中每位数之间的差相同，那么与各自对应数的差也相同。

⑦ 求 "NANA 数"（如：7575）与它的对应数（5757）的差，你能得出哪些结论？

⑧ 临摹下面的图，并按照图案规律继续画下去。

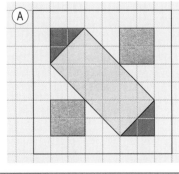
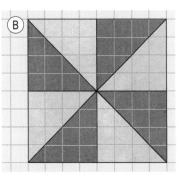
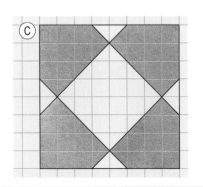

① 写出下面表示的数，并用另外两种方法表示该数。

a) 　b) 5 万 1 千 8 十 4 个　　d) 62 379

c) 3 百 7 个 1 万 2 千　　e) 36 140

② 写出题①里的数的前一个数和后一个数。

③ 求题①里的数的近似值到十位的数和近似值到百位的数。

④ 用数字表示下面的数。

a) 八万七千两百五十四
b) 九万一千一百九十一
c) 七千六百七十六
d) 一万四千零四十四

⑤ 求题④中的数的近似值到千位的数和近似值到万位的数。

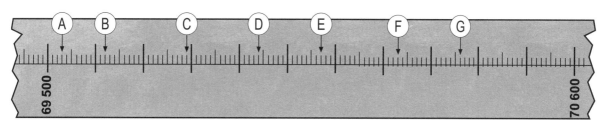

⑥ a) 根据数尺写出字母Ⓐ ~ Ⓖ表示的数。
　b) 计算出这些数的近似值到千位的数。

⑦ a) 46 820 + □ = 46 900　　　b) 38 400 + □ = 39 000　　　c) 27 000 + □ = 30 000

　　82 573 + □ = 82 600　　　　51 760 + □ = 52 000　　　　64 800 + □ = 70 000

　　11 019 + □ = 11 100　　　　74 525 + □ = 75 000　　　　93 010 + □ = 100 000

⑧ 找规律，并写出后面的数。

　a) 24 360, 24 380, 24 400, 24 420……
　b) 95 000, 94 200, 93 400, 92 600……
　c) 69 780, 67 780, 68 480, 66 480, 67 180……

⑨ 哪个数不属于这个数列？找出并改正。

　a) 46 248, 46 258, 46 268, 46 287, 46 388, 46 298
　b) 8 074, 9 074, 9 974, 11 074, 12 074, 13 074
　c) 50 003, 50 002, 50 001, 5 000, 49 999, 49 998

笔算，并用概算法验算。

⑩ a) 56 129 + 24 875　　⑪ a) 803 + 7 499 + 93 + 70 682　　⑫ a) 90 731 − 68 457
　 b) 39 084 + 46 159　　　 b) 19 356 + 68 047 + 490 + 6　　　 b) 100 000 − 80 703

⑬ 用下面的数卡组成 3 个最大的五位数和 3 个最小的五位数。

⑭ 四个数的和是 100 000，第一个数是五位数，每位上都是数字 4。第二个数的每位数都比第三个数大 1。第三个数是第一个数的一半。求第四个数是多少？

① 皮亚的书架上有84本书，书架共3层，最上面一层比中间一层多摆了10本书，最下面一层比中间一层少摆了10本书。每层分别摆放了多少本书？

② 四个数的和为99 000。第一个数是最小的五位数，第二个数为23 456，第三个数是第二个数的两倍，求第四个数。

$$+ $$
$$99\,000$$

③ 袋子里装了4个红球4个蓝球，你不能往袋子里看。请问你至少要拿出几个球，才能保证你手上有两个同色的球？

④ 4位父亲的职业分别是：面包师、汽车司机、教师、画家，他们各有一个孩子：尼克、索菲亚、罗尔夫、朱利叶，每家各养了一只宠物，狗、猫、仓鼠和鸟。已知信息有：
• 尼克的父亲是面包师。
• 画家有个女儿。
• 罗尔夫的父亲没有驾驶证。
• 其中一名男孩有一只仓鼠。
• 朱利叶不是教师的女儿。
• 朱利叶的猫是只黑猫。
• 画家没养猫。
• 尼克爱他的狗。
找出每个孩子父亲的职业和家养宠物。

⑤ 在圆圈里填上数字1~9，使得每条直线上的3个数的和相等，每个数只能填一次。

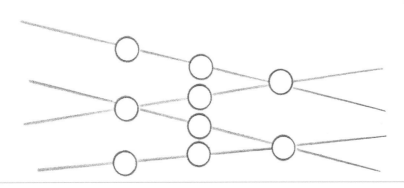

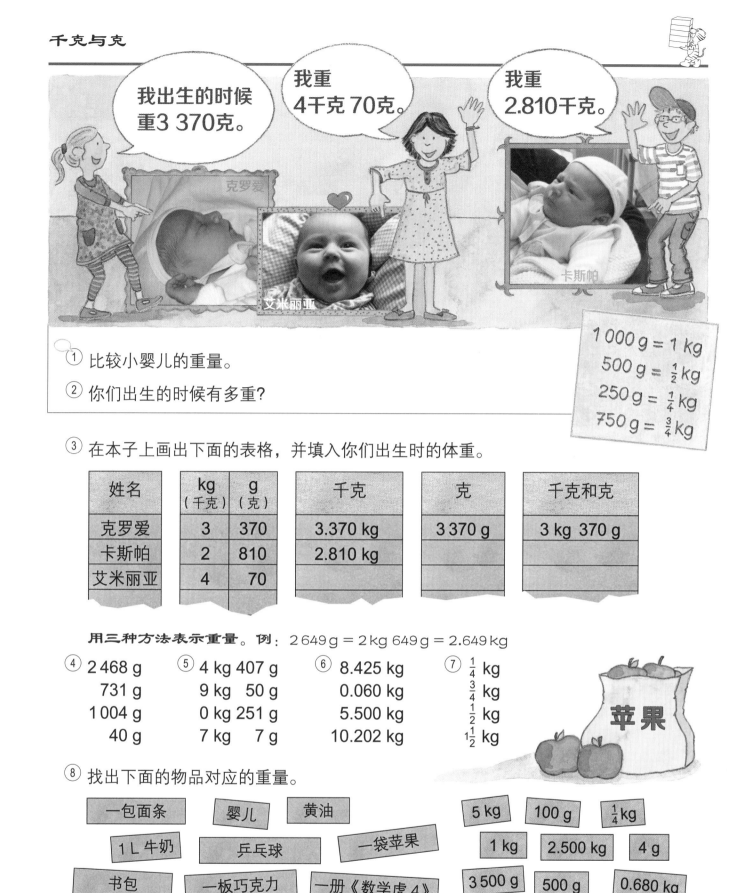

我出生的时候重3 370克。

我重4千克70克。

我重2.810千克。

克罗爱

艾米丽亚

卡斯帕

1 000 g = 1 kg
500 g = $\frac{1}{2}$ kg
250 g = $\frac{1}{4}$ kg
750 g = $\frac{3}{4}$ kg

① 比较小婴儿的重量。

② 你们出生的时候有多重?

③ 在本子上画出下面的表格，并填入你们出生时的体重。

姓名	kg (千克)	g (克)	千克	克	千克和克
克罗爱	3	370	3.370 kg	3 370 g	3 kg 370 g
卡斯帕	2	810	2.810 kg		
艾米丽亚	4	70			

用三种方法表示重量。 例：2 649 g = 2 kg 649 g = 2.649 kg

④ 2 468 g
731 g
1 004 g
40 g

⑤ 4 kg 407 g
9 kg 50 g
0 kg 251 g
7 kg 7 g

⑥ 8.425 kg
0.060 kg
5.500 kg
10.202 kg

⑦ $\frac{1}{4}$ kg
$\frac{3}{4}$ kg
$\frac{1}{2}$ kg
$1\frac{1}{2}$ kg

苹果

⑧ 找出下面的物品对应的重量。

一包面条　　婴儿　　黄油

1 L 牛奶　　乒乓球　　一袋苹果

书包　　一板巧克力　　一册《数学虎4》

5 kg　　100 g　　$\frac{1}{4}$ kg

1 kg　　2.500 kg　　4 g

3 500 g　　500 g　　0.680 kg

⑨ 12 000 + □ = 20 000
23 000 + □ = 30 000
36 000 + □ = 40 000
48 000 + □ = 50 000

⑩ 13 400 + □ = 14 000
26 100 + □ = 27 000
34 700 + □ = 35 000
49 200 + □ = 50 000

⑪ 11 530 + □ = 11 600
17 240 + □ = 17 300
28 610 + □ = 28 700
35 860 + □ = 35 900

四年级的同学们被问到"什么东西非常重？"图片上是他们的答案。

小组练习

① 将图片里的 6 件事物按重量排序。通过查找书籍或互联网来验证你的看法。

② 在书籍或互联网上找一找其他很重的东西及它们的重量，制作一张重量图。

③ 把重量值填入表格，并写上相应的物体。

1 835 kg，935 t，5 kg，7 969 kg，24 t，19 kg，35 kg，236 kg，
货船，小货车，小巴士，摩托车，箱子，
科隆教堂的大钟，10 岁大的孩子，书包

计量较重物品的重量时用"吨（t）"作单位。

$1\,t = 1\,000\,kg$

$\frac{1}{2}t = 500\,kg$

$\frac{1}{4}t = 250\,kg$

$\frac{3}{4}t = 750\,kg$

t	kg
935	0
24	0
7	969

吨
935.000 t
24.000 t
7.969 t

千克
935 000 kg
24 000 kg

吨和千克	
935 t	0 kg
24 t	0 kg

货船
大钟

④ 找出其他物体的重量，并填入表格。

⑤ 你们全班同学的总重量超过了 1 吨吗？估计一下，再称重计算。

用三种方法表示物品的重量（附页 6：须知 1）。

例：$12\,t\,340\,kg = 12\,340\,kg = 12.340\,t$

⑥ 12 t 340 kg
3 t 121 kg
10 t 65 kg
8 t 3 kg

⑦ 34 041 kg
1 987 kg
302 kg
1 kg

⑧ 28.045 t
0.050 t
4.248 t
17.007 t

⑨ 10 kg
100 kg
1 000 kg
10 000 kg

⑩ $\frac{1}{2}$ t
$\frac{1}{4}$ t
$\frac{3}{4}$ t
1 t

⑪ 7.500 t
0.800 t
14.950 t
2.070 t

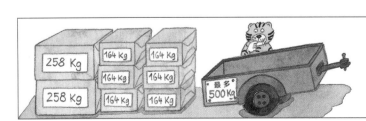

⑫ 计算箱子的重量。

⑬ 用这辆拖车把所有的箱子运完，需要运几次？

空车重量 + 载荷

= 总重量

① 印刷厂的载重汽车在装图书。载重汽车空车重量 7840 千克,图书重 6470 千克,求车辆总重限。

② 庞索德先生驾驶着他的载重汽车来到这块交通标志牌前。他的载重汽车的空车重 14870 千克,装了 12 个货板,每个重 1.250 吨。请问,他可以驾车继续前行吗?

30t

③ 一辆载重汽车载货后重 19345 千克,空车重 10780 千克,请问货物重多少?

④ 一辆公共汽车空车重 13.800 吨,允许的最大总重量为 25 吨。公共汽车有 42 个座位和 96 个站位。

⑤ 计算并填空。

车辆	空车重量	允许的最大载荷	总重量
大众途安	1 697 kg	523 kg	
福特 C-Max	1 374 kg	486 kg	
雷诺新风景	1 505 kg		2 190 kg
菲亚特多宝	1 415 kg		1 940 kg
欧宝英速亚		555 kg	2 165 kg
保时捷 911 Turbo S		290 kg	1 950 kg

⑥ 在车辆行驶证或其他车辆的宣传册里查看一下这些车辆的空车重量、允许的最大载荷和总重量,完成表格并进行比较。

⑦ 利用表格里的数据设计几道有趣的题目给你的伙伴做。

⑧ 科兰先生的车空车重 1455 千克,总重限为 2010 千克。驾驶员的体重已经算在空车重量里了,科兰太太重 56 千克,两个孩子梵姆克和蒂门一共重 68 千克。这家人还能往车上装多重的行李?

把下面重量凑成 1 吨。			把下面的重量凑成 $\frac{1}{2}$ 吨。		
⑨ 450 kg	⑩ $\frac{1}{2}$ t	⑪ 333 kg	⑫ 125 kg	⑬ 328 kg	⑭ 9 kg
210 kg	$\frac{1}{4}$ t	66 kg	270 kg	283 kg	37 kg
80 kg	$\frac{3}{4}$ t	1 kg	485 kg	111 kg	414 kg

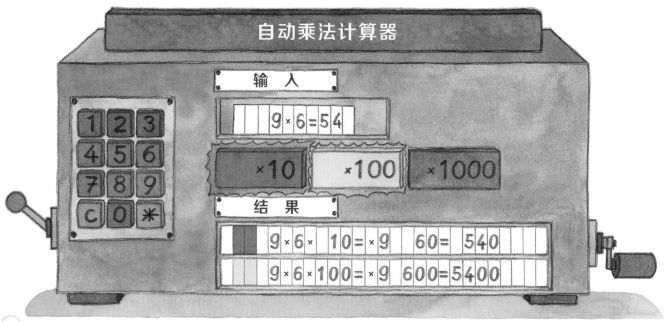

① 看一看，想一想。按不同颜色的键，自动乘法计算器的运算结果是多少。

② 按下蓝色键，计算器显示的结果是多少?

按照自动乘法计算器的计算方式解题，依次按下不同颜色的键，会得出怎样的结果?

③ 8 × 3　　⑤ 9 × 4　　⑦ 4 × 6　　⑨ 3 × 6　　⑪ 7 × 5　　⑬ 9 × 2
④ 7 × 9　　⑥ 5 × 8　　⑧ 2 × 4　　⑩ 7 × 3　　⑫ 6 × 8　　⑭ 4 × 10

⑮	6 × 7	⑯ 5 × 9	⑰ 8 × 6	⑱ 3 × 9
	6 × 70	5 × 90	80 × 6	30 × 9
	6 × 700	5 × 900	800 × 6	300 × 9
	6 × 7 000	5 × 9 000	8 000 × 6	3 000 × 9

⑲ 自主编写一组"阶梯算式"。

⑳ 看看大家如何解算式 3 × 5 994，你会用什么方法?

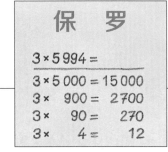

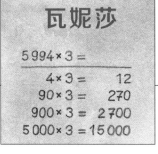

保　罗	瓦妮莎	伊玛茨	我的方法
3 × 5 994 =	5 994 × 3 =	5 994	?
3 × 5 000 = 15 000	4 × 3 = 12	5 994	
3 × 900 = 2 700	90 × 3 = 270	+ 5 994	
3 × 90 = 270	900 × 3 = 2 700		
3 × 4 = 12	5 000 × 3 = 15 000		

计算下列乘法题。

㉑ 6 × 4 108　　㉒ 7 × 4 926　　㉓ 4 × 9 520　　㉔ 8 × 2 601　　㉕ 3 × 6 689
㉖ 6 543 × 8　　㉗ 5 050 × 5　　㉘ 9 731 × 4　　㉙ 8 642 × 6　　㉚ 4 007 × 9
㉛ 3 058 × 3　　㉜ 7 604 × 2　　㉝ 2 968 × 7　　㉞ 1 859 × 9　　㉟ 7 654 × 10

我这么计算。

312 × 4 = 1248
300 × 4 = 1200
10 × 4 = 40
2 × 4 = 8

百	十	个
3	1	2	× 4

千	百	十	个
			8
		4	0
1	2	0	0
1	2	4	8

我列竖式计算，从个位算起。

4 × 2 = 8
4 × 10 = 40
4 × 300 = 1200

第 29 页

① 百十个
2 4 3 × 2
千百十个
6 0
8 0
4 0 0
4 8 6

列竖式计算，标出数位。

① 243 × 2
712 × 4
123 × 3
803 × 2

② 2 123 × 3
4 121 × 4
2 101 × 8
6 041 × 5

③ 22 021 × 4
25 230 × 3
10 406 × 6
11 051 × 7

简便写法很容易！

④ 421 × 3
502 × 4
714 × 2
910 × 5

⑤ 4 221 × 3
3 102 × 4
6 001 × 5
8 124 × 2

⑥ 30 331 × 2
10 212 × 4
11 011 × 6
23 232 × 3

第 29 页

④ 百十个
4 2 1 × 3
千百十个
1 2 6 3

答案

1 263	12 408	40 848
1 428	12 663	60 662
2 008	16 248	66 066
4 550	30 005	69 696

⑦ 莎拉每天骑自行车上学，转数表上显示她的往返路程刚好 2 010 米。请问，莎拉上学一周 5 天要骑车多少米？

⑧ 马克斯每天喝 700 毫升矿泉水和 400 毫升其他饮料。请问，他一周一共喝多少升水？

⑨ 弗斯特先生想为旅馆的客人们买 4 辆自行车，计划支出不超过 800 欧元。一辆自行车的价格为 209 欧元，因为他买 4 辆，总价可享受 38 欧元的折扣。弗斯特先生一共花费多少钱？

⑩ 7 600 + 500 =
7 600 − 500 =

⑪ 4 700 + 620 =
4 700 − 620 =

⑫ 42 700 + 800 =
42 700 − 800 =

⑬ 63 000 + 650 =
63 000 − 650 =

⑭ 35 100 + 6 000 =
35 100 − 6 000 =

⑮ 84 000 + 7 700 =
84 000 − 7 700 =

⑯ 51 900 + 30 000 =
51 900 − 30 000 =

⑰ 71 000 + 28 000 =
71 000 − 28 000 =

读法:（左上黑板）

千百十个
3 2 1 8 × 4
万千百十个
3 2
4
8
1 2
1 2 8 7 2

4×8个=32个=3十2个
4×1十=4十
4×2百=8百
4×3千=12千=1万2千

简写（左下黑板）

千百十个
3 2 1 8 × 4
万千百十个
1 2 8 7 2

读法:
4×8=32，记2，进3
4×1=4，4+3=7记7
4×2=8，记8
4×3=12，记12

① 4 218 × 3　② 7 046 × 5
6 103 × 7　　2 609 × 6
2 329 × 2　　5 041 × 8

③ 12 182 × 4
21 083 × 3
15 437 × 5

答 案
4 658　35 230　48 728
12 654　40 328　63 249
15 654　42 721　77 185

简便计算。

④ 4 305 × 5　⑤ 7 214 × 8
6 261 × 4　　5 081 × 6
1 426 × 7　　2 109 × 3

⑥ 31 017 × 9
42 120 × 4
20 933 × 3

答 案
6 327　25 044　62 799
9 982　30 486　168 480
21 525　57 712　279 153

向前进位的数
我用手指表示。

提问并计算。

⑦ 电脑店两天卖出 8 部笔记本电脑和 9 部台式电脑。一部笔记本 987 欧元，一部台式电脑 499 欧元。

⑧ 相机专卖店一天售出 5 部闪光灯，每部 148 欧元；7 部数码相机，每部 376 欧元，4 部单反相机，每部 645 欧元。

⑨ 老虎出版社的图书《沙漠里的秘密》打折出售，每册 7 欧元。仓库里原有 2 000 册，已售出 1 629 册。

⑩ 明斯特广场上的奥托烤肠店日均售出烤肠 285 根。圣诞前夕，奥托烤肠店在明斯特广场营业了整 4 周，一根烤肠单价 2 欧元。

⑪ 835 + 90 =　⑫ 43 + 770 =　⑬ □ + 695 = 703　⑭ 560 − 76 =　⑮ □ − 182 = 640
349 + 70 =　　56 + 460 =　　□ + 261 = 308　　730 − 92 =　　□ − 537 = 150
182 + 80 =　　64 + 540 =　　□ + 487 = 506　　370 − 84 =　　□ − 306 = 390
673 + 60 =　　81 + 180 =　　□ + 804 = 902　　610 − 58 =　　□ − 419 = 520
468 + 50 =　　97 + 350 =　　□ + 546 = 607　　140 − 67 =　　□ − 273 = 480
791 + 40 =　　29 + 880 =　　□ + 753 = 804　　420 − 43 =　　□ − 694 = 270

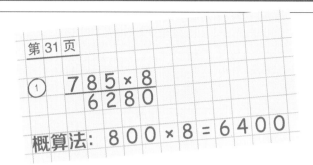

第31页

① 785 × 8
6280

概算法: 800 × 8 = 6400

概算:
800 × 8 = 6400
答案 6280 可能是
正确的。

计算并用概算法检验你的答案。

① 785 × 8　② 4796 × 5　③ 2468 × 6　④ 24107 × 4
428 × 3　　6409 × 7　　3978 × 9　　40855 × 2
950 × 6　　3810 × 4　　7777 × 7　　19089 × 3
387 × 9　　1564 × 8　　9006 × 5　　14861 × 6
804 × 7　　5901 × 2　　8080 × 8　　17678 × 5

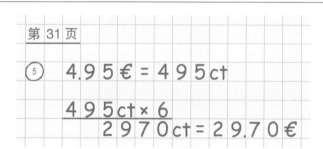

第31页

⑤ 4.95€ = 495ct

495ct × 6
2970ct = 29.70€

⑤ 尤利安过生日请他的 5 个朋友去溜冰，每个朋友要花费 4.95 欧元。

⑥ 韦婷女士为校园庆祝活动买了 7 袋苹果，每袋 3.49 欧元。

⑦ 瓦格纳买了 8 本书，其中 3 本每本 15.75 欧元，另外 5 本每本 21.90 欧元。

⑧ 法兰克福汉莎航空飞往香港的航班。这架飞机最多可载客 364 人。

a) 这趟航班每周、每个月（四周）、每年运输旅客多少人？
b) 把这些数据与你居住地的人口数作比较。

双人练习

⑨ 你们面前有 10 张数卡，抽 4 张数卡组成一个四位数，并记在本子上。再抽出第 5 个数，与前面的四位数相乘。各自计算，然后比较你们的答案，你们都算对了吗？

单位换算。

① 479 ct = ☐ €
901 ct = ☐ €
5 630 ct = ☐ €
6.48 € = ☐ ct
0.75 € = ☐ ct
20.04 € = ☐ ct

② 7 m 32 cm = ☐ m
0 m 84 cm = ☐ m
12 m 5 cm = ☐ m
596 cm = ☐ m
1 000 cm = ☐ m
1 cm = ☐ m

③ 8.125 kg = ☐ g
3.007 kg = ☐ g
20.980 kg = ☐ g
5 g = ☐ kg
8 080 g = ☐ kg
48 g = ☐ kg

④ 6 h = ☐ min
2 h 50 min = ☐ min
5 h 5 min = ☐ min
180 min = ☐ h
540 min = ☐ h
660 min = ☐ h

填空。

⑤ 530 kg + ☐ = 1 t
1 480 kg + ☐ = 2 t
2 020 kg + ☐ = 3 t
6.990 t + ☐ = 10 t
12.500 t + ☐ = 20 t
29.001 t + ☐ = 30 t

⑥ 45 min + ☐ = 1 h
150 min + ☐ = 3 h
290 min + ☐ = 5 h
580 min + ☐ = 10 h
205 min + ☐ = 4 h
418 min + ☐ = 7 h

⑦ 13.50 € + ☐ = 20 €
17.95 € + ☐ = 20 €
9.15 € + ☐ = 20 €
40.60 € + ☐ = 50 €
25.80 € + ☐ = 50 €
4.99 € + ☐ = 50 €

单位换算并笔算。

⑧ 71.05 € − 2 486 ct
8 321 g − 4 kg 99 g
8 h − 360 min

⑨ 3 L 684 ml × 7
205.50 € × 4
14 km 39 m × 6

⑩ 37 m 56 cm + 4.91 m + 802 cm
5 603 m + 10 km 50 m + 0.485 km
4.123 L + 1 847 ml + 2 L 8 ml

⑪
管子的数量	1	2	4	9	18
长度		3 m			

⑫
本子的数量	1	2	5	7
重量		400 g		960 g

⑬
铅笔的数量	价格
1	40ct
2	
4	
5	
10	

⑭
奶酪的数量	价格
100 kg	2.20 €
50 kg	
200 kg	
250 kg	
1 kg	

⑮
瓶子的数量	容量
1	1.5 L
3	
6	
12	
15	

借助表格解题。

⑯ 1 段篱笆长 2.50 米，3 段、5 段、7 段、9 段篱笆有多长?

⑰ 1 个浴缸大约可以装 200 升水，马特家院子里的池塘可以装大约 3 800 升水。

⑱ 7 朵紫菀扎成的花束卖 5.60 欧元。凯泽先生送给女儿 15 朵紫菀。

⑲ 3 瓶豌豆罐头重 510 克。彼得太太煮汤需要 850 克豌豆。

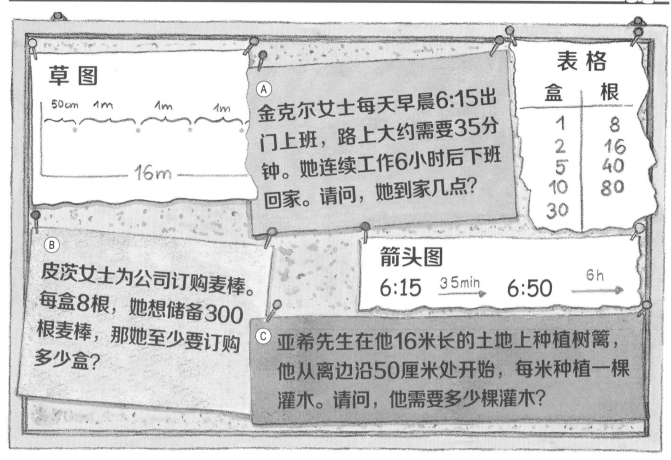

草图

50cm 1m   1m   1m

16m

A 金克尔女士每天早晨6:15出门上班，路上大约需要35分钟。她连续工作6小时后下班回家。请问，她到家几点？

表格

盒	根
1	8
2	16
5	40
10	80
30	

B 皮茨女士为公司订购麦棒。每盒8根，她想储备300根麦棒，那她至少要订购多少盒？

箭头图

6:15 35min→ 6:50 6h→

C 亚希先生在他16米长的土地上种植树篱，他从离边沿50厘米处开始，每米种植一棵灌木。请问，他需要多少棵灌木？

将解题辅助与题目对应起来，并解题。
选择适当的解题辅助解题。

① 约那斯现在身高 1.39 米，比出生时高了 92 厘米。他出生时多高？

② 尤利亚和她的英国朋友通电话，最便宜的电话供应商每分钟 3 欧分。尤利亚通话 18 分钟，花费多少钱？

③ 学校组织学生郊游。巴士早晨 8:15 从学校发车，1 小时 30 分钟后休息 20 分钟，距目的地露天博物馆还有 45 分钟的车程。

④ 叶格先生砍了一株 12 米高的树，打算把它锯成 2 米长的木段。他可以锯几段？

解题辅助：
· 仔细读题
· 向同学讲述题目内容，并与他讨论
· 找出题目中重要的信息
· 划掉不重要的的信息
· 根据给定条件提出问题
· 思考一下，画一张草图、箭头图或表格帮助解题。

⑤ 一个数乘 6，加 240，除以 90，得 8。

⑥ 1 升汽油 1.70 欧元，乐乐女士给她的汽车加油 53 升。本认为她差不多花了 100 欧元。本的说法对吗？

① 校庆日升了一只热气球。升热气球的准备工作 12:30 开始，持续 1 小时 40 分钟，然后热气球升空。热气球着陆后，需要 50 分钟将热气球收好，18:30 收拾完毕。请问，热气球在空中待了多久？

② 树獭是个懒汉，它一天中 $\frac{3}{4}$ 的时间都在睡觉，它行动非常缓慢，移动 5 米需要 2 分钟。

a) 树獭每天睡几小时？
b) 树獭 1 小时移动几米？

③ 一架高速公路桥长 360 米，桥的两头 50 米处是第一个桥墩，这架桥有 5 个桥墩，间隔距离相同，每个桥墩都 4 米宽。请问桥墩之间相隔距离多少？

④ 林德勒先生想重新围他的小牧场。小牧场长 77 米，宽 39 米，他想围双层铁丝网，3.20 米宽的入口处不围。请问，林德勒先生要买多少米铁丝网？

注意！不是所有题都有答案。

⑤ 萨米娜每天要花 10 分钟喂她的两只矮兔。如果要清理兔子窝，她要多花 15 分钟。请问，这两只兔子几岁了？

⑥ 拉尔夫的父母喜欢去山里远足，他们去过 2643 米高的津巴山，2713 米高的瓦茨曼山，3312 米高的皮茨布因山。请问，拉夫的父母总共远足了多少公里？

⑦ 为题⑤和题⑥设可以解答的问题。

⑧ 求和	⑨ 求差	⑩ 求积
37 802 和 48 195	91 342 和 78 568	23 704 和 4
64 953 和 29 170	80 043 和 29 157	19 853 和 5
25 771 和 51 946	62 041 和 35 869	7 和 9 871
10 934 和 75 687	51 000 和 49 656	9 和 8 063

笔算，并用概算法验算。

① 67 834 + 3 792 + 19 851
   206 + 37 518 + 54 + 1 698
   38 797 + 25 074 + 362

② 41 036 − 28 619
   92 143 − 58 657
   80 021 − 34 932

③ 5 679 × 6
   8 935 × 8
   9 407 × 5

④ 一辆载重汽车含载荷共重 16.500 吨，驾驶员知道该车不含载荷重 9 750 千克。

⑤ 三台相同重量的机器共重 0.750 吨。
   a) 布朗先生的拖车上最多可以装 600 千克的货物。
   b) 施拉特先生可以用他的载重汽车装 8 台这样的机器。

⑥ 鲍曼女士的房子里住了 9 个人，每人平均每天消耗水 128 升。所有人
   a) 一天   b) 一周
   c) 四个星期
   消耗水多少升？

⑦ 卡夫特女士为餐厅买了 6 把椅子，每把椅子价格为 79.90 欧元。她用三张 200 欧元的钞票付款。

⑧ 滑雪日到了，障碍滑雪项目插了一排杆子。每两支杆子的间距为 11 米，从第一支杆子到最后一支杆子间有 99 米。请问插了多少根杆？

⑨ 巴士司机肖波罗 5:35 上班发第一班车，13:20 下班。他的工作时间为 7 小时。

⑩ 施密特先生比他的妻子大 6 岁，他俩的年龄加起来 74 岁。

填空。

⑪ 350 kg + □ = 1 t
   562 kg + □ = 1 t
   $\frac{1}{2}$ t + □ = 1 t

⑫ □ + 459 kg = 1 t
   □ + 208 kg = 1 t
   □ + $\frac{3}{4}$ t = 1 t

⑬ 2 370 kg + □ = 10 t
   4 173 kg + □ = 10 t
   85 kg + □ = 10 t

⑭ □ + 6 095 kg = 10 t
   □ + 1 756 kg = 10 t
   □ + 258 kg = 10 t

用三种方法表示重量。

⑮ 27 430 kg
   81 074 kg
   500 kg

⑯ 13.539 t
   0.002 t
   7.500 t

⑰ 9 t 835 kg
   36 t 630 kg
   0 t 91 kg

换算成同一单位，再笔算。

⑱ 3.786 t + 4 175 kg + 1 t 924 kg
   12 059 kg + 21 t + 6.700 t

⑲ 20 061 kg − 2 t 87 kg
   54.002 t − 38 019 kg

⑳ 7.538 t × 6
   9 t 15 kg × 8

㉑ 3 × 8 =   3 × 100 =
   3 × 10 =   3 × 800 =
   3 × 18 =   3 × 808 =
   3 × 80 =   3 × 880 =
   3 × 88 =   3 × 818 =

㉒ 7 × 4 =   7 × 100 =
   7 × 10 =   7 × 400 =
   7 × 14 =   7 × 404 =
   7 × 40 =   7 × 440 =
   7 × 44 =   7 × 414 =

㉓ 5 × 9 =   5 × 100 =
   5 × 10 =   5 × 900 =
   5 × 19 =   5 × 909 =
   5 × 90 =   5 × 990 =
   5 × 99 =   5 × 919 =

① 在全国少年运动会上，索菲、马里乌斯、尤利安在铅球项目上取得了前三名的好成绩。尤利安掷的比索菲远 6 米，索菲比马里乌斯远 3 米。三人共掷了 111 米远。算一下三人分别掷了多远。

② 行驶在高速公路上，约那斯发现一个公里数指示牌上写着一个"ANNA 数"1551。
请问，约那斯的妈妈必须平均以多快的速度行驶，才能在 1 小时后遇到下一个"ANNA 数"1661？

1	2	3	4	5	6	7	8	9	10
11	12	13	14	15	16	17	18	19	20
21	22	23	24	25	26	27	28	29	30
31	32	33	34	35	36	37	38	39	40
41	42	43	44	45	46	47	48	49	50
51	52	53	54	55	56	57	58	59	60
61	62	63	64	65	66	67	68	69	70
71	72	73	74	75	76	77	78	79	80
81	82	83	84	85	86	87	88	89	90
91	92	93	94	95	96	97	98	99	100

③ 这张纸前面和背面都印上了"百宫格"。请问，数字 100、58、23、19 的背面分别对应的是哪个数?

④ 米歇尔不想直接说出他的邮编是多少。于是他说："与德国的其他邮编一样，我的邮编也是五个数。第一个数与第二个数相加为 17，第二个数与第三个数相加为 15，第三个数与第四个数相加也是 15，最后两个数相加为 9。第一个数与最后一个数的和为 8。我的邮编是多少? "

⑤ 拿走六个小盘，使得每行每列的小盘数量相同。

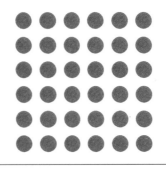

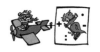

① 萨斯奇雅用直线和圆作画。
　找一找，哪些是平行线？哪些是垂直线？

用三角板检验两线是否平行。

② 用三角板检验题①里你的猜测。
③ 再找一找，教室里有哪些平行线。

④ 如下图制作一个折角，并标出直角。

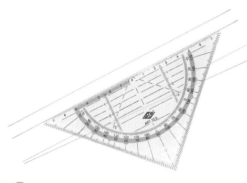

⑤ 用你制作的这个折角寻找教室里的直角。

⑥ 像萨斯奇雅一样，用平行线和垂直线画一张画。

⑦ 说出下面这些形状的名称，找出平行线和直角。

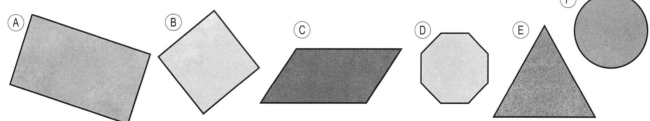

用三角板可以画垂直线。

① 用三角板在白纸上画正方形，边长为：
   a) 4 厘米　　b) 2 厘米
   c) 3.5 厘米　d) 5.2 厘米

② 再画长方形，长宽如下所示。
   a) 长：6 厘米　　宽：2 厘米
   b) 长：7 厘米　　宽：4 厘米
   c) 长：5.5 厘米　宽：2.5 厘米
   d) 长：6.7 厘米　宽：3.8 厘米

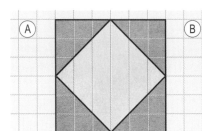 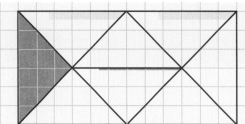 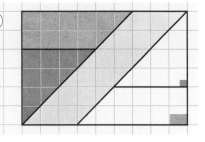

③ 在本子上画出图形 Ⓐ ~ Ⓒ，并参考右图标出直角：

依照下面的例图画出由平行线和垂直线组成的图案。

④ ⑤ ⑥

⑦ 自创图形和图案。

这些图形欺骗了你的眼睛。请找出平行线。

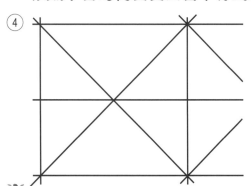 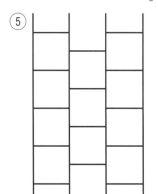 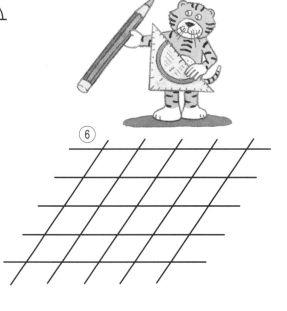

⑧ ⑨ ⑩

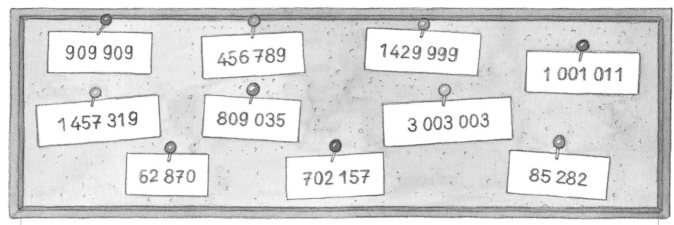

909 909   456 789   1429 999   1 001 011

1457 319   809 035   3 003 003

62 870   702 157   85 282

① 你能读出哪些数?

② 想一想，数字间的空格有什么意义，以并记住数位表里的颜色所代表的数位。

③ 把这些数从小到大填入数位表，并读出来。

百万	十万	万	千	百	十	个
		6	2	8	7	0

百万数游戏

④ 将一叠数卡反扣在桌上，参加游戏的小朋友依次取一张数卡并放入数位表的相应位置上。确定位置后不得再挪动。当数位表填满时，每人读出自己的数。谁的数最大（或最小），就得 1 分。

把下面的数按数位排好，并用数字表示。

⑤ 4万3百2千8个3十

⑥ 9个7百0万5千6十万2十

⑦ 5百2万1百万9十6十万3千8个

⑧ 8十万7千6百5个4百万2十9万

⑨ 7十万3百2万4个

⑩ 1百万1个1万1百1千

⑪ 3个3百万3万

⑫ 9千9个9十万9百万

⑬ 读数，并用数字表示。

a) 十四万六千三百一十九   b) 三十万零三

c) 七十六万五百二十八   d) 一百零一万两千

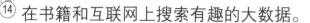

⑭ 在书籍和互联网上搜索有趣的大数据。

地球上的人口数量

地球到火星的距离

一台家用电脑可储存量（比特）

台北 101 大楼的造价

建造胡夫金字塔的石块数量

地球上蚂蚁的数量

① 指出下面的数在数尺上的大致位置，并说明为什么。

a) 147 329   c) 368 744   e) 690 180   g) 808 300
b) 298 102   d) 500 001   f) 750 000   h) 999 999

② 分别指出数字 147 329 在数尺 Ⓐ ～ Ⓔ 上的位置，你能得出什么结论？

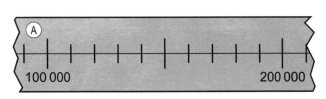

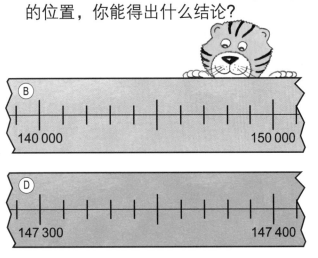

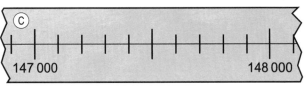

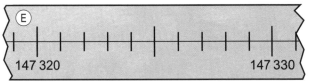

③ 写出题①里其他各数和它们的相邻整数。

④ 参考题②画数尺，分别标上题①里的其他数和它们的相邻整十数。

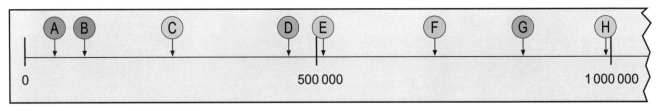

⑤ 字母 Ⓐ ～ Ⓗ 分别代表哪个数？
与你的伙伴交换答案。

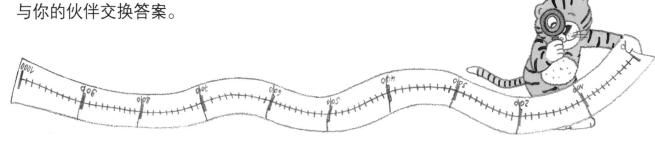

双人练习

⑥ 给你的伙伴读一个数，让他继续说出后面的十个数。然后你们互换角色。

a) 180 000   c) 365 760   e) 532 993   g) 789 996   i) 889 994
b) 240 000   d) 412 340   f) 656 997   h) 829 998   j) 999 993

296 000　　　　　301 000　　　　　306 000

① 指出这些数在数尺上的大致位置，分别写出它们的前一个数和后一个数。

a) 296 800　d) 300 490　g) 303 725
b) 298 350　e) 302 100　h) 304 009
c) 299 999　f) 302 380　i) 305 820

	前一个数	一个数	后一个数
a)	296 799	296 800	296 801
b)			

② 找出每个数的相邻整十数、相邻整百数和相邻整千数，填入表格。

相邻整千数	相邻整百数	相邻整十数	一个数	相邻整十数	相邻整百数	相邻整千数
153 000	153 400	153 470	153 478	153 480		
			204 635			
			390 110			
			469 250			
			500 000			
			779 779			
			999 999			

③ a)　55 000　$\xrightarrow{+3\,000}$　☐　$\xrightarrow{+3\,000}$　☐　$\xrightarrow{+3\,000}$　☐　$\xrightarrow{+3\,000}$　☐　$\xrightarrow{+3\,000}$　☐

b) 673 000　$\xrightarrow{-25\,000}$　☐　$\xrightarrow{-25\,000}$　☐　$\xrightarrow{-25\,000}$　☐　$\xrightarrow{-25\,000}$　☐　$\xrightarrow{-25\,000}$　☐

c) 154 600　$\xrightarrow{+4\,500}$　☐　$\xrightarrow{-3\,200}$　☐　$\xrightarrow{+4\,500}$　☐　$\xrightarrow{-3\,200}$　☐　$\xrightarrow{+4\,500}$　☐

④ 找规律，并完成下面的数列。

a) 55 000, 56 400, 57 800, 59 200……66 200
b) 68 250, 66 000, 63 750, 61 500……50 250
c) 380 000, 425 000, 409 000, 454 000, 438 000……541 000
d) 1 000 000, 967 000, 969 800, 936 800, 939 600……846 200

⑤ 300 ÷ 6 =
360 ÷ 6 =
420 ÷ 6 =
……

⑥ 2000 ÷ 5 =
1500 ÷ 5 =
1000 ÷ 5 =
……

⑦ 72 ÷ 9 =
720 ÷ 9 =
7 200 ÷ 9 =
……

⑧ 12 000 ÷ 3 =
15 000 ÷ 3 =
18 000 ÷ 3 =
……

计算练习 4 —— 大数据

口算。

① 410 000 + 250 000 =
330 000 + 520 000 =
610 000 + 190 000 =
128 000 + 50 000 =
254 000 + 16 000 =
517 000 + 70 000 =

② 690 000 + 230 000 =
130 000 + 480 000 =
440 000 + 570 000 =
3 500 + 350 000 =
808 + 808 000 =
99 000 + 901 000 =

③ 890 000 − 450 000 =
780 000 − 380 000 =
490 000 − 260 000 =
253 000 − 30 000 =
686 000 − 14 000 =
367 000 − 4 000 =

④ 620 000 − 480 000 =
540 000 − 250 000 =
910 000 − 190 000 =
187 000 − 8 000 =
390 000 − 31 000 =
555 000 − 500 =

⑤ 54 ÷ 6 =
540 ÷ 6 =
5 400 ÷ 6 =
54 000 ÷ 6 =
540 000 ÷ 6 =

⑥ 63 ÷ 7 =
630 ÷ 7 =
6 300 ÷ 7 =
63 000 ÷ 7 =
630 000 ÷ 7 =

⑦ 35 ÷ 5 =
350 ÷ 5 =
3 500 ÷ 5 =
35 000 ÷ 5 =
350 000 ÷ 5 =

⑧ 40 ÷ 8 =
400 ÷ 8 =
4 000 ÷ 8 =
40 000 ÷ 8 =
400 000 ÷ 8 =

正确排列数位，
用数字表示，然后读一读。

⑨ 3千6个5百7十4十万8万
7十万4十9百1万2个
5个2十万6百1千
8百3个7千5十万

⑩ 2个4百8百万6万
3十7百万1千5十万
9个9百9万9百万
43个8万16十万

⑪ 一个七位数，万位数是 4，百万位数是万位数的两倍，百位数是万位数的一半，个位数是百位数的一半，其他位数均为 0。

找规律，并继续计算。

⑫ 202 020 + 2 =
202 020 + 20 =
202 020 + 200 =
……

⑬ 890 000 − 800 000 =
890 000 − 80 000 =
890 000 − 8 000 =
……

⑭ 8 × 6 =
8 × 60 =
8 × 600 =
……

⑮ 4 × 7 =
40 × 7 =
400 × 7 =
……

⑯ 540 000 ÷ 9 =
54 000 ÷ 9 =
5 400 ÷ 9 =
……

⑰ 3 500000 ÷ 5 =
3 500000 ÷ 50 =
3 500000 ÷ 500 =
……

笔算。

⑱ 432 539 +183 768 + 91 094
247 851 + 5 937 + 802 968
234 567 +654 321 + 111 111
98 765 +102 030 +3 456 789

⑲ 748 576 − 302 451
673 529 − 491 638
912 345 − 678 901
8 080 808 − 808 080

⑳ 48 576 × 5
67 359 × 6
591 648 × 7
783 021 × 8

42

四舍五入法则与大数据运算

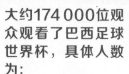

大约174 000位观众观看了巴西足球世界杯，具体人数为：	赤道周长大约40 000 km，具体长度为：	德国有大约2 800 000名小学生，具体人数为：	一辆保时捷的价格大约是770 000 €，具体价格为：
◯ 174 510 人	◯ 39 495 km	◯ 2 837 700 人	◯ 764 026 €
◯ 173 850 人	◯ 41 003 km	◯ 2 739 800 人	◯ 775 026 €
◯ 173 490 人	◯ 40 075 km	◯ 2 873 400 人	◯ 768 026 €

① 几名四年级同学准备了一个求近似值的测验，请你根据四舍五入法则，找出正确的答案。

② 根据以下陈述求近似值：
- 一场足球赛的观众人数：59 315 人
- 地球到月球距离：387 476 千米
- 梅克伦堡一座宫殿的价格：2 495 000 欧元
- 德国中小学生人数：8 796 894 人

③ 在书籍或网络上查找大数据，编题求近似值。

用四舍五入法则求近似值：

精确到十万位		精确到万位		精确到千位	
④ 345 812	⑤ 1 274 290	⑥ 882 390	⑦ 2 385 429	⑧ 258 343	⑨ 1 672 451
857 463	3 903 807	331 882	5 404 367	631 505	3 001 901
960 012	8 034 570	403 981	7 598 102	798 294	8 799 600
555 555	4 649 000	996 003	6 043 534	979 797	9 405 499

请用概算法计算Ⓐ～Ⓓ中的其中两题，得数分别为 450 000 和 490 000。

⑩ 你的计算精确到了哪一位？

⑪ 你计算的是哪两题？

⑫ 再编几道同样答案的题。

Ⓐ 707 070 − 235 678   Ⓒ 128 420 + 340 043

Ⓑ 842 370 − 394 651   Ⓓ 248 715 + 236 236

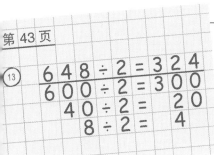

第 43 页

⑬
$648 ÷ 2 = 324$
$600 ÷ 2 = 300$
$40 ÷ 2 = 20$
$8 ÷ 2 = 4$

大数据的除法运算。

⑬	⑭	⑮	⑯	⑰
648 ÷ 2 =	9 369 ÷ 3 =	8 484 ÷ 4 =	7 707 ÷ 7 =	67 820 ÷ 2 =
840 ÷ 4 =	2 684 ÷ 2 =	4 806 ÷ 2 =	9 009 ÷ 9 =	88 044 ÷ 4 =
808 ÷ 8 =	5 050 ÷ 5 =	6 069 ÷ 3 =	8 080 ÷ 8 =	90 693 ÷ 3 =

德累斯顿

斯图加特

柏林

马格德堡

杜塞尔多夫

城市	人口概数
柏林	3 501 872
不来梅	548 319
德累斯顿	529 781
杜塞尔多夫	592 393
埃尔富特	206 384
汉堡	1 798 836
汉诺威	525 875
基尔	242 041
马格德堡	232 364
美因兹	200 957
慕尼黑	1 378 176
波兹坦	158 902
萨尔布吕肯	176 135
什未林	95 300
斯图加特	613 392
威斯巴登	278 919

① a) 写出三个面积最大的城市和三个面积最小的城市及它们的人口数。

b) 将这六个城市的人口数精确到万位。

② 将这六个城市的近似人口数（精确到万位）用符号表示：
♀（紫人）：100 万
♀（黄人）：10 万
●（红点）：1 万

第44页

② 柏林：♀♀♀♀♀♀♀

汉堡：♀♀

③ a) 面积最大的城市比最小的城市人口多多少？

b) 面积最小的城市比你所在城市人口少多少？

c) 面积最大的城市比你所在城市人口多多少？

④ 这里是柏林市中、小学数量及中、小学生人数，根据下列数据编题解答。

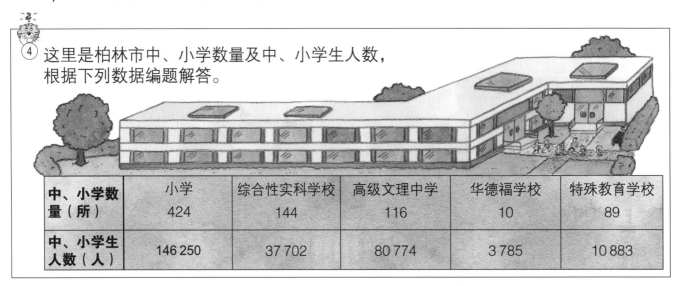

中、小学数量（所）	小学	综合性实科学校	高级文理中学	华德福学校	特殊教育学校
	424	144	116	10	89
中、小学生人数（人）	146 250	37 702	80 774	3 785	10 883

第45页

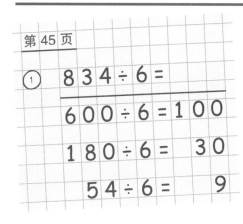

① 834 ÷ 6 =

600 ÷ 6 = 100

180 ÷ 6 = 30

54 ÷ 6 = 9

简算题①～③，写出你能简除的最大值。

① 834 ÷ 6 =   ② 635 ÷ 5 =   ③ 313 ÷ 2 =
   968 ÷ 8 =   471 ÷ 3 =   582 ÷ 4 =
   740 ÷ 4 =   387 ÷ 9 =   801 ÷ 7 =
   692 ÷ 2 =   948 ÷ 6 =   777 ÷ 5 =

注意！有的题有余数。

笔算除法的步骤如下：

百十个   百十个
834 ÷ 6 = 1
6
2

步骤1：

8不是6的倍数。

6是最接近8的6的倍数。

6百÷6=1百，记1

1百×6=6百，记6

8百-6百=2百

百十个   百十个
834 ÷ 6 = 13
6↓
23
18
5

步骤2：

把3十写下来。

23不是6的倍数。

18是最接近23的6的倍数。

18十÷6= 3十，记3

3十×6=18十，记18

23十-18十=5个

百十个   百十个
834 ÷ 6 = 139
6↓
23
18
54
54
0

步骤3：

把4个写下来。

54个÷6= 9个，记9

9个×6=54个，记54

54个-54个=0个，记0

已将每位数进行了除法。

每个步骤都包括：

1. 除
2. 乘
3. 减
4. 记数

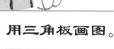

④ 834 ÷ 6   ⑤ 316 ÷ 2   ⑥ 8 969 ÷ 8   ⑦ 45 342 ÷ 2
   847 ÷ 7   556 ÷ 4   7 861 ÷ 7   51 639 ÷ 3
   976 ÷ 8   928 ÷ 8   6 834 ÷ 6   63 785 ÷ 5
   560 ÷ 5   864 ÷ 4   9 609 ÷ 3   84 480 ÷ 4
   484 ÷ 4   735 ÷ 5   6 560 ÷ 5   90 666 ÷ 6

答 案

112	139	1 121	12 757
116	139	1 123	15 111
121	147	1 139	17 213
121	158	1 320	21 120
122	216	3 203	22 671

用三角板画图。

⑧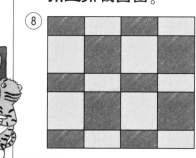

⑨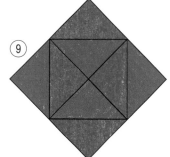

⑩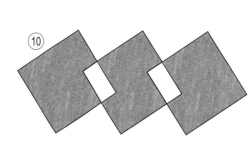

用逆运算进行验算。

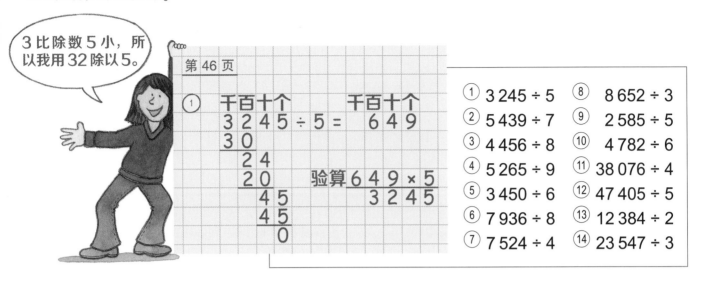

3比除数5小，所以我用32除以5。

第46页

① 千百十个
3 2 4 5 ÷ 5 =   千百十个   6 4 9
3 0
2 4
2 0
验算 6 4 9 × 5
4 5
4 5   3 2 4 5
0

① 3 245 ÷ 5
② 5 439 ÷ 7
③ 4 456 ÷ 8
④ 5 265 ÷ 9
⑤ 3 450 ÷ 6
⑥ 7 936 ÷ 8
⑦ 7 524 ÷ 4
⑧ 8 652 ÷ 3
⑨ 2 585 ÷ 5
⑩ 4 782 ÷ 6
⑪ 38 076 ÷ 4
⑫ 47 405 ÷ 5
⑬ 12 384 ÷ 2
⑭ 23 547 ÷ 3

根据数学虎的描述找出题目里的错误。再计算各题，并用逆运算或概算法验算。

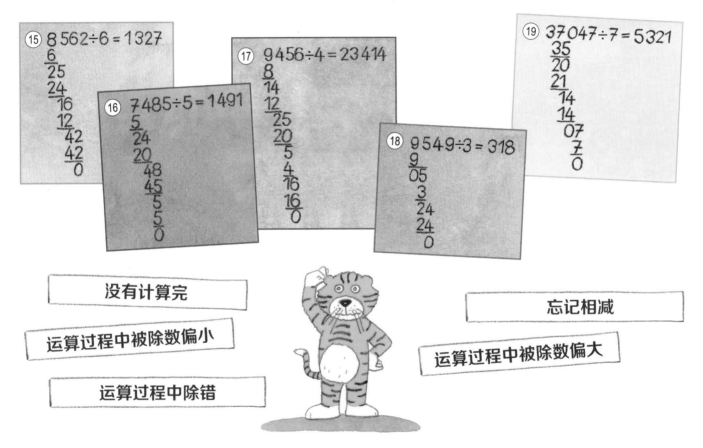

⑮ 8 562 ÷ 6 = 1327

⑯ 7 485 ÷ 5 = 1491

⑰ 9 456 ÷ 4 = 23 414

⑱ 9 549 ÷ 3 = 318

⑲ 37 047 ÷ 7 = 5321

没有计算完

运算过程中被除数偏小

运算过程中除错

忘记相减

运算过程中被除数偏大

提问并计算解答。

⑳ 康拉德·祖泽小学要为8个班级买新的平板电脑。学校为此提供开支预算32 960 欧元，每个班要买10部平板电脑。

㉑ 令人难以置信：
2010 年有6 612 000人登上了巴黎的埃菲尔铁塔，即平均每个月 551 000 人。请计算，一周（一个月 =4 周）内和一天内分别有多少人登上埃菲尔铁塔。将这些数据与你居住地的人口数作比较。

① 大家在数学讨论课上解答这些题目。
  a) 按第 45 页的方法讲解解题过程。
  b) 解释出现的错误。

> 按正确的讲解方法讲解。

答 案	
630	23 380
1 004	40 810
1 007	43 253
1 063	85 147
1 064	99 876
1 509	99 990
2 259	133 735
5 110	166 667
9 005	307 052

② 7 448 ÷ 7
  9 054 ÷ 6
  8 032 ÷ 8

③ 3 189 ÷ 3
  5 035 ÷ 5
  2 520 ÷ 4

④ 81 045 ÷ 9
  30 660 ÷ 6
  18 072 ÷ 8

⑤ 346 024 ÷ 8
  204 050 ÷ 5
  802 410 ÷ 6

⑥ 699 930 ÷ 7
  500 001 ÷ 3
  614 104 ÷ 2

⑦ 799 008 ÷ 8
  210 420 ÷ 9
  596 029 ÷ 7

日 期	金 额（€）	消费明细
周一，3月 5日	24.90	食品
周二，3月 6日	15.00	理发（爸爸）
	17.59	药品
周三，3月 7日	21.25	饮料
	5.25	文具
周四，3月 8日	63.49	食品、卫生用品
周五，3月 9日	65.64	加油费
周六，3月10日	45.36	食品
周日，3月11日	22.40	去游泳馆和报亭
总 额		

⑧ 埃尔一家四口记了一本流水账，记录他们
  所有的家庭开支。
  a) 说说埃尔一家都有哪些开支？
  b) 他们这周总开支多少？
  c) 计算这周中每个人的平均开支。

⑨ 埃尔一家每月有 2 860 欧元可供支配。
  a) 平均每周有多少钱可供支配？
  b) 每周每人有多少钱可供支配？
  c) 与题⑧的答案作比较。

① 读数，并用数字表示。

a) 1 百万 6 十万 8 万 5 千 2 百 7 十 9 个
b) 5 个 6 千 3 百 9 十 6 万 2 百万 1 十万
c) 4 万 3 百 3 百万 1 个 4 千 6 十
d) 六十三万六千四百四十六
e) 九十万七千七十九十七

② 写出数尺中字母所表示的数，再写出其相邻的整万数。

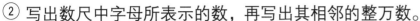
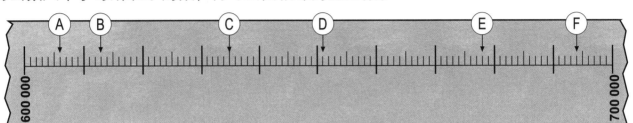

③ 找规律，继续写出后面的至少 5 个数。

a) 385 712, 386 212, 386 712, 387 212……   b) 456 987, 469 987, 482 987, 495 987……
c) 904 674, 904 074, 903 474, 902 874……   d) 269 401, 244 401, 219 401, 194 401……

**欧洲国家首都的
人口数量**

雅典	655 790	马德里	3 198 645
维也纳	1 731 236	巴黎	2 243 833
伦敦	8 173 900	罗马	2 781 692

④ 将这些城市按人口排序，并计算它们之间的差。

⑤ 将人口数精确到万，并用符号表示，♂(紫人) 表示 1 000 000 人，♀(黄人)表示 100 000 人，●（红点）表示 10 000 人。

⑥ 将下面图形放大两倍画在练习本上，标出直角，并用同一种颜色画平行的线段。

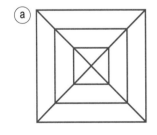

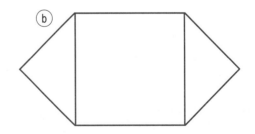

a)   b)

⑦ 瓦格纳先生是货车司机，经常驾驶货车运货。过去八年里他驾驶货车行驶了 950 792 千米。

⑧ 46 794 人参观了玩具博览会，三分之一的参观者是儿童。一张成人票 8 欧元，儿童票半价。

① 丽斯奶奶说："我和我女儿加起来有110 岁，我的女儿和我的外孙女加起来有 58 岁，我的外孙女和我加起来有 84 岁。"求她们每人的年龄。

5	7	2						
						9	8	5
			6	3	5		4	
				7		5	6	3
9				2	8			7
1	5	7		4				
	9		8	2	1			
2	3	5						
						2	7	4

② 在这个数独的空格里填入数字 1~9，并满足每一行、每一列、每一个粗线宫内的数字均含 1~9，不重复。

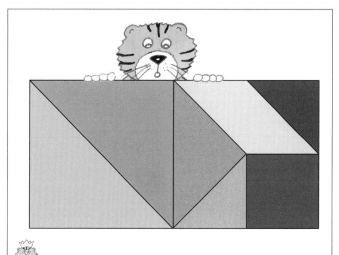

③ 用附页 3 里的所有图形摆出一个正方形，并把它粘贴在你的练习本上。

④ 画三条直线：
a) 三条线不相交。
b) 三条线只相交一次。
c) 三条线相交两次。
d) 三条线相交三次。

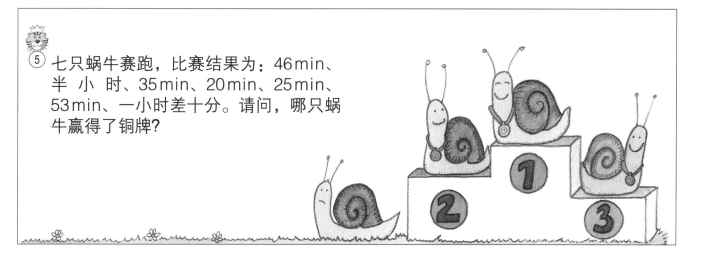

⑤ 七只蜗牛赛跑，比赛结果为：46min、半 小 时、35min、20min、25min、53min、一小时差十分。请问，哪只蜗牛赢得了铜牌？

① 模型Ⓐ～Ⓓ各由多少块小正方体组成的?

② 用小正方体按图搭建模型，验证题①的答案。

Ⓐ
1	2	3
1	3	1
4	1	2

Ⓑ
1	3	1	1	0
1	2	1	1	2
1	2	1	1	2

Ⓒ
2	3	2
1	1	1

Ⓓ
2	1	2	4
3	2	1	3
3	1	2	3
4	2	2	2

Ⓔ
4	3	3	2
4	3	3	2
4	3	3	2
4	3	2	2

Ⓕ
3	3	2
3	1	1
2	1	1

Ⓖ
2	2	1	1	2
2	1	1	1	0
2	1	1	1	0

Ⓗ
1	2	2
1	1	3

③ ⓐ～ⓗ是模型的设计图，你能看出哪幅设计图对应了上面的哪个模型吗?

④ 用插件立方按其它几幅设计图搭建模型。

⑤ 你可以凭借设计图计算出使用的小正方体的数量。请描述一下计算过程，并与题①的答案作比较。

八个正方体实验

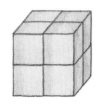

⑥ 用8个小正方体组成1个大正方体。

⑦ 拿走2个小正方体，可以变成3个不同的模型。画出这3个模型的设计图。

⑧ 拿走3个小正方体，可能变为几个不同的模型? 试一试，画出设计图。

⑨ 把这个大正方体分成两部分，有几种方式?

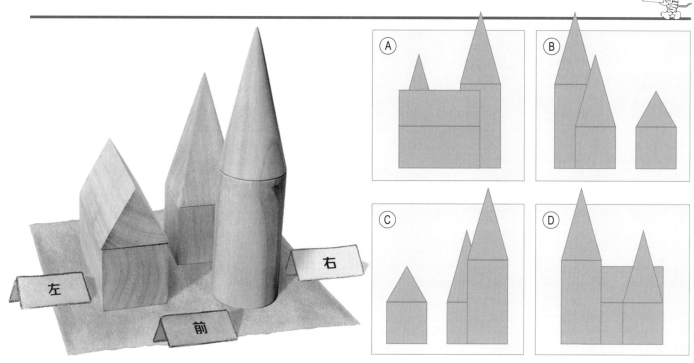

① 照图在一张纸上搭建模型，从正面、左面、右面、后面观察这个模型，并加以描述。

② Ⓐ ~ Ⓓ 分别是哪个面的视图？

照图用小正方体搭建模型，从不同的面观察模型。这是哪个面的视图？

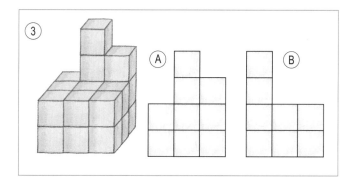

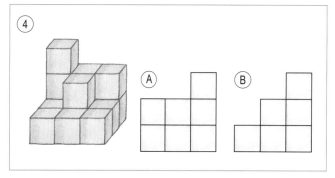

画出下面每个模型的 4 个面的视图。

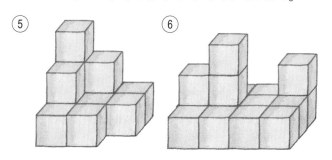

⑤ ⑥

⑦ 根据模型 4 个面的视图来搭建这个模型。

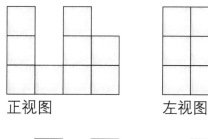

正视图   左视图

⑧ 根据这张模型的设计图画出它的视图，搭建模型来验证。

3	4	3
2	2	2
1	1	1

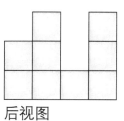

后视图   右视图

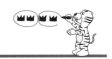

第52页

① 1 8 ÷ 1 = 1 8

1 8 ÷ 2 = 9

1 8 ÷ 3 = 6

1 8 ÷ 4 = 4 余 2

1 8 ÷ 5 =

8 的约数：1, 2, ……

一个数的约数是什么？明白啦，能够整除，没有余数！

① 找出所有能够整除 18 的数，这些数叫做 18 的约数。

② 本杰明和格雷塔找出了 12 的约数。为什么格雷塔只写了 3 个算式？

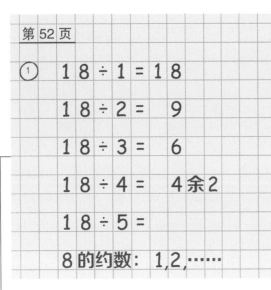

本杰明

12 ÷ 1 = 12
12 ÷ 2 = 6
12 ÷ 3 = 4
12 ÷ 4 = 3
12 ÷ 6 = 2
12 ÷ 12 = 1

12 的约数：
1, 2, 3, 4, 6, 12

格雷塔

12 ÷ 1 = 12
12 ÷ 2 = 6
12 ÷ 3 = 4

12 的约数：
1, 2, 3, 4, 6, 12

用最少的计算步骤找出下面数的约数。

③	④	⑤	⑥
18	24	36	48
28	32	45	60
35	56	62	92
54	76	81	100

⑦ a) 在百宫格里用红笔标出 48 的约数，用蓝笔标出 60 的约数。

b) 同时用红笔和蓝笔标出的数有哪些？按从小到大排列写出这些公约数。

⑧ 写出下面每组数的公约数。

a) 35,55   d) 6,21,54

b) 12,24   e) 16,27,32

c) 18,42   f) 28,36,56

⑨ 写出下面每组数的最大公约数。

a) 15,40   d) 8,24,56

b) 16,44   e) 14,35,63

c) 29,48   f) 12,18,22

猜数谜

⑩ 下面哪句表述是正确的？哪句是错误的？

a) 3 是 27 是约数。

b) 数字 17 刚好有 3 个约数。

c) 5 是 25 和 30 的最大公约数。

d) 一个数的最末一位数若是奇数，那么 2 是它的约数。

e) 一个数的最末一位数若是 0 或 5，那么 5 是它的约数。

一个数的倍数是什么？就是这个数与任意自然数相乘的积，有无数个。

① 在一个空白的百宫格里用红笔填上 4 的倍数。

② 然后在这个百宫格里用蓝笔填上 9 的倍数。你有什么发现?

③ 写出下面每组数百以内的公倍数。

a) 3,5   c) 2,6   e) 2,3,5   g) 3,5,8
b) 6,9   d) 3,8   f) 4,6,9   h) 2,7,9

④ 下面的数可能是哪些数的公倍数? 尽量找出所有的数。

a) 12   b) 18   c) 24   d) 36   e) 42   f) 50   g) 72

⑤ 在练习本上画出下面的表格，填空。

	是……的倍数				
	2	3	5	6	8
12	√	√			
15					
24					
32					
40					

	是……的倍数				
	2	3	5	7	9
10					
21					
35					
63					
70					

⑥ 跑步训练时，艾玛和保罗一同从起跑线出发，跑了几圈。艾玛跑一圈要 6 分钟，保罗跑一圈只需要 4 分钟。

a) 几分钟后两人再次在终点遇到?

b) 这时他们各跑了几圈?

⑦ 2 路车、3 路车和 5 路车 14:00 同时从公交总站出发。
2 路车每 10 分钟发一班车，
3 路车每 14 分钟发一班车，
5 路车每 35 分钟发一班车。
请问，3 趟公交车几点钟再次同时发车?

横加数是一个数每位上的数字加起来后的得数。4 203 的横加数是 9，即 4 + 2 + 0 + 3 = 9。

小组练习

① 做游戏"小老虎，你接住了哪个数？"小老虎只能接满足他纸牌上要求的数。如何迅速判断可以接哪些数？

② 除一除，看哪些孩子抛出的牌可以被接住？

③ 为每条整除法则举一个例子。

④ 在校园或体育馆里做这个游戏"小老虎，你接住了哪个数？"

整除法则

- 一个数的横加数能被3整除，那么这个数就能被3整除。531能被3整除，因为5+3+1=9，而9能被3整除。
- 一个数的后两位能被4整除，那么这个数就能被4整除。756能被4整除，因为56能被4整除。
- 一个数……，那么这个数就能被2整除。
- 一个数……，那么这个数就能被5整除。
- 一个数……，那么这个数就能被10整除。

⑤ 根据整除法则，哪个数能被 2、4、5、10 整除？

a) 52	d) 807	g) 10 469
b) 115	e) 900	h) 68 210
c) 202	f) 7 528	i) 95 320

第 54 页

⑤ a) 5 2 能被 2 和 4 整除。

b) 1 1 5 能被…… 整除。

第 54 页

⑥ 横加数：

5 + 8 + 2 = 1 5

5 8 2 能被 3 整除，

因为 5 8 2 的横加数能被 3 整除。

⑥ 下面的数能被 3 整除吗？先求它们的横加数。

a) 582	c) 4 806	e) 58 271
b) 913	d) 6 614	f) 75 942

① 凡瑞娜的说法对吗？使用横加数法则判断下面的数能否被 9 整除，再列竖式验算。

　a) 468　　c) 2 123　　e) 90 351
　b) 837　　d) 7 110　　f) 12 345

② 用下面的数检验亚历山大的说法是否正确，并说明理由。你们可以借助整除法则。

　a) 408　　c) 5 133　　e) 66 518
　b) 324　　d) 7 914　　f) 98 034

③ 下面的数能被哪个数整除？

　a) 564　　b) 1 247　　c) 2 354　　d) 36 433　　e) 81 654
　f) 825　　g) 1 035　　h) 7 10　　i) 55 701　　j) 987 654

填上空缺的数字，使计算结果没有余数。列竖式验算。

④ 54 3🐾6 ÷ 4　⑥ 95 37🐾 ÷ 2　⑧ 48 1🐾🐾 ÷ 5　⑩ 26 🐾🐾🐾 ÷ 10　⑫ 75 19🐾 ÷ 4

⑤ 48 🐾79 ÷ 3　⑦ 5 🐾61 ÷ 9　⑨ 🐾5 302 ÷ 9　⑪ 5 33🐾 ÷ 6　⑬ 9🐾 762 ÷ 6

| 491 | 7 310 | 920 | 633 | 1 455 | 5 428 |

⑭ 把这些数除以 4。

⑮ 把这些数填入表格。

⑯ 不计算，找出其他相符的数填入表格。

能被 4 整除	除以 4 余 1	除以 4 余 2	除以 4 余 3

⑰ 一个数在 100 和 150 之间，能被 3、5、9 整除。求这个数。

⑱ 丹尼尔说："54 和 120 能被 1~10 所有的数整除。"他说的对吗？

⑲ 找出能被 1~10 所有的数整除的最小值。提示：这个数小于 10 000。

计算并验算。

① $3\,951 \div 7$
$2\,905 \div 4$
$5\,182 \div 8$
$6\,739 \div 6$

② $5\,081 \div 9$
$7\,461 \div 2$
$8\,344 \div 5$
$9\,506 \div 2$

③ $19\,354 \div 6$
$82\,003 \div 7$
$72\,930 \div 9$
$40\,753 \div 2$

④ $32\,000 \div 3$
$66\,660 \div 8$
$56\,730 \div 4$
$91\,003 \div 5$

⑤ $1\,000 \div 3$
$10\,000 \div 8$
$100\,000 \div 4$
$1\,003\,000 \div 5$

余数
怎么办？

⑦ 一台现代矿泉水罐装机每小时能装 45392 瓶矿泉水。然后将这些矿泉水装箱，每箱 9 瓶。请问，每小时能装多少箱矿泉水？

⑥ 三兄妹合买了一台带显示屏和打印机的电脑，价格为 1394 欧元。他们每人须支付多少钱？

⑧ 哈茨山区的缆车一小时最多运 2000 人上山，一个吊舱可坐 6 人。请问，每小时有多少个吊舱上山？

找出并解释下面题里的错误，然后计算并验算。

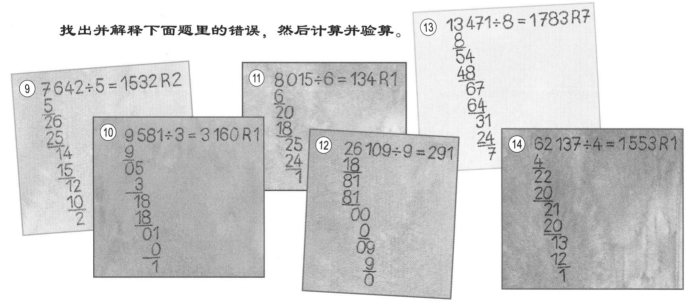

① 29 + □ = 42
35 + □ = 56
48 + □ = 73
53 + □ = 84
67 + □ = 91

② 96 − □ = 54
84 − □ = 69
71 − □ = 45
69 − □ = 38
52 − □ = 17

③ 4 × □ = 48
5 × □ = 60
6 × □ = 72
7 × □ = 84
8 × □ = 96

④ 56 ÷ □ = 8
77 ÷ □ = 7
54 ÷ □ = 6
65 ÷ □ = 5
48 ÷ □ = 4

⑤ 800 × 40 =
600 × 90 =
300 × 70 =
100 × 10 =

⑥ 40 × 3 000 =
50 × 2 000 =
80 × 6 000 =
30 × 7 000 =

⑦ 600 × 200 =
300 × 900 =
400 × 400 =
700 × 600 =

⑧ 5 000 × 60 =
7 000 × 40 =
9 000 × 70 =
3 000 × 50 =

⑨ 70 × 8 =
700 × 80 =
7 × 8 000 =
700 × 800 =

⑩ 320 ÷ 8 =
450 ÷ 9 =
540 ÷ 6 =
420 ÷ 7 =
400 ÷ 5 =

⑪ 1 800 ÷ 60 =
2 700 ÷ 30 =
4 800 ÷ 80 =
5 600 ÷ 70 =
1 400 ÷ 20 =

⑫ 36 000 ÷ 900 =
64 000 ÷ 800 =
49 000 ÷ 700 =
24 000 ÷ 600 =
35 000 ÷ 500 =

⑬ 150 000 ÷ 3 000 =
720 000 ÷ 9 000 =
300 000 ÷ 6 000 =
280 000 ÷ 4 000 =
210 000 ÷ 7 000 =

填入 >、<、=。

⑭ 3 × 16 ◯ 240 000 ÷ 8 000
6 × 45 ◯ 270 000 ÷ 1 000
4 × 37 ◯ 180 000 ÷ 900
7 × 23 ◯ 120 000 ÷ 600

⑮ 67 000 + 3 200 ◯ 98 000 − 18 500
43 000 + 25 500 ◯ 73 500 − 24 500
508 000 + 82 000 ◯ 800 900 − 210 900
100 700 + 800 300 ◯ 1 000 100 − 90 100

加法窍门 ⊕
297 + 375 = 672
这么算：
第 1 个数 +3
第 2 个数 −3
300 + 372 = 672

减法窍门 ⊖
421 − 198 = 223
这么算：
421 − 200 = 221
然后 +2
221 + 2 = 223

乘法窍门 ⊗
4 × 199 = 796
这么算：
4 × 200 = 800
然后 −4
800 − 4 = 796

除法窍门 ⊘
725 ÷ 5 = 145
分解计算
100   40   5
~~500, 200, 25~~

使用计算窍门解题。

⑯ 398 + 247 =
596 + 152 =
497 + 364 =
699 + 135 =
598 + 241 =
297 + 608 =

⑰ 543 − 298 =
782 − 597 =
926 − 499 =
851 − 396 =
374 − 198 =
465 − 97 =

⑱ 3 × 299 =
5 × 198 =
6 × 399 =
4 × 598 =
2 × 797 =
7 × 499 =

⑲ 426 ÷ 3 =
702 ÷ 9 =
672 ÷ 4 =
870 ÷ 6 =
645 ÷ 5 =
532 ÷ 2 =

1升 = 1 000毫升

1 l	=	1 000 ml
$\frac{3}{4}$ l	=	750 ml
$\frac{1}{2}$ l	=	500 ml
$\frac{1}{4}$ l	=	250 ml
$\frac{1}{8}$ l	=	125 ml

小组练习

① 估计一下，哪个容器装的液体最多？将容器按容积大小排序。

② 用倒水的方法来核实你们的猜测。

③ 观察一个量杯，上面的刻度表示什么？

④ 测量一下每个容器的容积有多少毫升，记录下测量结果。

⑤ 收集所有容积为1升的容器，并描述容器的形状。

⑥ 1升水重1千克。用天平称一称，看这种说法是否正确。

⑦ 用一个容积为1升的容器装其他物品（砾石、沙、棉花、大米、锯末等）。这些物品1升重多少克？

不可思议：
1升黄金重 19.329 千克。
1升空气重 1.2 克。

凑足 1 升、半升和四分之三升。

⑧
1升	
550 ml	ml
210 ml	ml
790 ml	ml
100 ml	ml
280 ml	ml
743 ml	ml

⑨
1升	
$\frac{1}{4}$ L	ml
$\frac{3}{4}$ L	ml
$\frac{1}{2}$ L	ml
820 ml	ml
999 ml	ml
111 ml	ml

⑩
$\frac{1}{2}$升	
175 ml	ml
405 ml	ml
500 ml	ml
342 ml	ml
8 ml	ml
$\frac{1}{8}$ L	ml

⑪
$\frac{3}{4}$升	
500 ml	ml
300 ml	ml
210 ml	ml
438 ml	ml
85 ml	ml
$\frac{1}{4}$ L	ml

小组练习

① 收集容积单位为毫升(ml)的容器，并按容积大小排序。

② 用收集的最小容器倒水倒满其他容器要几次？试一试或算一算。

③ 将不同容器的容积填入一个表格。

容器	L	ml	升	毫升
芥末瓶	0	200	0.200 L	200 ml
咳嗽糖浆勺	0	5	0.005 L	5 ml

$$1\,000\ ml = 1.000\ l = 1\ l$$
$$750\ ml = 0.750\ l = \frac{3}{4}\ l$$
$$500\ ml = 0.500\ l = \frac{1}{2}\ l$$
$$250\ ml = 0.250\ l = \frac{1}{4}\ l$$
$$125\ ml = 0.125\ l = \frac{1}{8}\ l$$

④ 你身边哪里有这样的容积数据？像题③一样把这些数据制成表。

0.5 l   0.33 l   0.125 l   0.75 l   0.2 l

将单位换成升。

例如：200 ml = 0.200 L

⑤ 750 ml
500 ml
250 ml
330 ml

⑥ 1 000 ml
100 ml
10 ml
1 ml

⑦ 345 ml
20 ml
871 ml
990 ml

将单位换成毫升。

例如：0.500 L = 500 ml

⑧ 0.350 L
1.200 L
0.050 L
0.003 L

⑨ 1.001 L
0.400 L
0.650 L
0.700 L

⑩ $\frac{1}{2}$ L
$\frac{1}{4}$ L
$\frac{3}{4}$ L
$1\frac{1}{2}$ L

填入 >、<、=。

⑪ 200 ml ◯ $\frac{1}{4}$ L
760 ml ◯ $\frac{3}{4}$ L
500 ml ◯ $\frac{1}{2}$ L
100 ml ◯ 1 L

⑫ 0.33 L ◯ 33 ml
0.1 L ◯ 100 ml
1.5 L ◯ 150 ml
0.125 L ◯ 1 250 ml

⑬ $\frac{1}{4}$ L ◯ 0.5 L
$\frac{3}{4}$ L ◯ 0.33 L
$\frac{1}{2}$ L ◯ 0.2 L
8 L ◯ 0.8 L

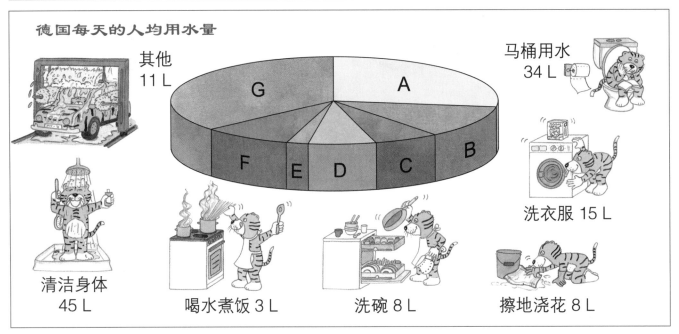

德国每天的人均用水量

其他 11 L

马桶用水 34 L

洗衣服 15 L

清洁身体 45 L

喝水煮饭 3 L

洗碗 8 L

擦地浇花 8 L

① 我们每天用水最多和最少的地方在哪里？找出用水量在饼状图中相对应的字母。

② 计算一下，在德国每日人均用水多少升。这些水可以装多少个大洒水壶？

③ 制表并算出一个三口（四口 / 五口）之家一天（一周 / 一个月 / 半年 / 一年）的用水量。

④ 一个三口之家的年用水量是多少？计算你家中一个成员一天的用水量，并与德国的人均值作比较。

水——昂贵的物品

国家	升
印度	25 L
比利时	122 L
法国	151 L
瑞士	237 L
美国	295 L

⑤ 将德国人均日用水量与其他国家作比较。

⑥ 世界上有超过 10 亿人每天可用的水不足 20 升。思考一下，他们的水那么少，哪些事做不了？我们在节约用水方面可以怎样做？

计算，用概算法或逆运算验算。

⑦ 6 924 ÷ 4
1 362 ÷ 6
5 706 ÷ 9

⑧ 12 345 ÷ 5
76 056 ÷ 8
42 238 ÷ 7

⑨ 4 683 ÷ 9
5 712 ÷ 5
2 728 ÷ 3

⑩ 20 608 ÷ 7
14 662 ÷ 3
84 050 ÷ 4

⑪ 352 917 ÷ 6
909 090 ÷ 2
876 543 ÷ 8

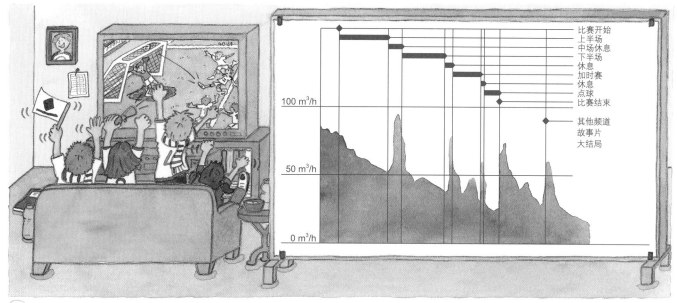

① 该图显示了当电视台转播一场激烈的足球赛时某市的用水情况。
仔细观察，你从中发现了什么？

② 大家征集了对这张图表的看法。
哪些说法是对的？

③ 从这张图表里你还发现什么？
写下来，让其他同学判断你的
看法是否正确。

- 球赛开始前，许多观众先上一趟厕所。
- 球赛的下半场比上半场的用水量更大。
- 点球时间与加时赛时间一样长。
- 罚点球的时候观众们情绪紧张，所以这
  一时段几乎没有用水。
- 中场休息时用水量差不多是上半场结束
  前用水量的两倍。
- 球赛结束时上厕所的人比球赛开始时上
  厕所的人多。

④ 临摹下面图形，画出它的对
称轴。

⑤ 临摹下面图形，画出它的另一半，使它们成
为轴对称图形。

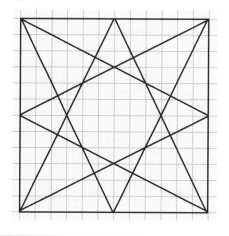

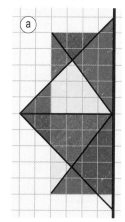

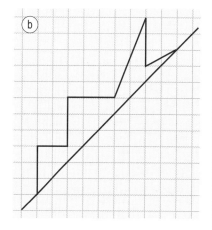

填入 >、<、=。

① 700 ml ○ $\frac{3}{4}$ L
　 $1\frac{1}{2}$ L ○ 150 ml
　 400 ml ○ 0.04 L
　 2.750L ○ $2\frac{3}{4}$ L

② 0.250 L ○ 2 500 ml
　 1 300 ml ○ 1.030 L
　 10 000 ml ○ 10 L
　 0.770 L ○ 707 ml

填空。

③ 0.200 L + □ = $\frac{1}{4}$ L
　 175 ml + □ = $\frac{1}{4}$ L
　 □ + 50 ml = $\frac{1}{4}$ L
　 □ + 0.025L = $\frac{1}{4}$ L

④ 1.040 L + □ = $1\frac{1}{4}$ L
　 750 ml + □ = $1\frac{1}{4}$ L
　 □ + 0.250 L = $1\frac{1}{4}$ L
　 □ + 1 025 ml = $1\frac{1}{4}$ L

⑤ 莱茵家的洗衣机一个月工作 15 次，每洗一缸衣服要 56 升水。1000 升水 4 欧元，求莱茵家一年洗衣服花的水费。

⑥ 很久没下雨，纳斯先生必须装他的雨桶。雨桶容积 345 升，他 1 分钟泵 15 升水进去，几分钟能装满?

⑦ 路易斯、特亚和贝蒂三人非常口渴。贝蒂比特亚少喝水 $\frac{1}{2}$ 升，特亚比路易斯多喝 0.250 升水，路易斯比贝蒂多喝 250 毫升水。三人共喝水 $6\frac{3}{4}$ 升。

⑧ 笔算。

a) 37 189 乘 6。
b) 67 809 加 3 005 687。
c) 365 733 除以 9。
d) 700 143 减 468 069。

e) 957 128 除以 4。
f) 800 100 减 564 830。
g) 64 012 加 573 819 加 768 837。
h) 56 789 乘 5 乘 2。

用整除法则进行判断。

⑨ 能被 3 整除?	
7 344	是
2 561	
8 012	
4 632	

⑩ 能被 4 整除?	
9 734	
6 072	
3 596	
4 414	

⑪ 能被 6 整除?	
5 913	
1 722	
6 506	
2 442	

⑫ 能被 9 整除?	
8 127	
3 798	
7 240	
1 023	

⑬ 找出下面数的所有约数。

a) 10　　c) 48　　e) 94
b) 36　　d) 72　　f) 120

⑭ 求下面每组数的公约数。

a) 42,60
b) 54,81
c) 35,50,63
d) 13,39,52

⑮ 写出下面每组数最小的 5 个公倍数。

a) 4,6　　c) 2,5,8
b) 3,7　　d) 4,9,18

⑯ 10 和 30 之间的两个数，它们的最大公约数是 5，最小公倍数是 100。

① 莱奥妮从周一到周五看完了一本厚 45 页纸的书。每天都比前一天多看两页。莱奥妮周一看了几页书？

② 六个男孩排排坐。第一个男孩说："阿纳在我的左边，埃里亚斯挨着坐在我的右边。"第二个男孩说："本诺挨着坐在克里斯右边，戴尼挨着坐在他的左边。"第三个男孩说："本诺挨着坐在我左边，弗莱德挨着坐在我右边。"请问，第三个男孩叫什么名字？

③ 按字母表顺序从 A~Z，每个六边形都要经过一次，且仅经过一次。

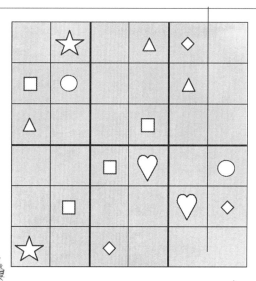

④ 六个符号在这个符号 ○□△☆◇♡ 数独的每行、每列和每个小长方形里都仅出现一次。求解。

火柴游戏

⑤ 要使火柴支架保持平衡，石头支点应该放在什么位置？你只能移动两根火柴。

大数据乘法

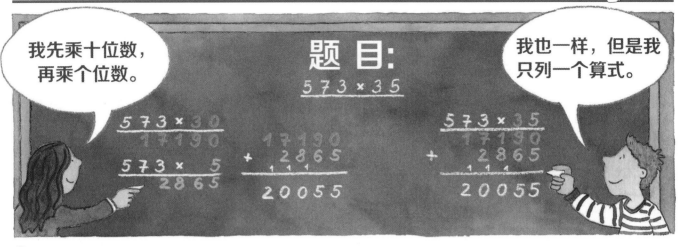

我先乘十位数，再乘个位数。

题目：
573 × 35

我也一样，但是我只列一个算式。

① 比较并解释劳拉和伯西姆的算法。

像伯西姆一样只列一个算式进行计算。

② 348 × 38
405 × 23
736 × 42

③ 859 × 31
294 × 78
567 × 65

④ 3 419 × 24
5 068 × 57
7 296 × 49

⑤ 8 352 × 56
6 036 × 85
1 987 × 98

答 案		
9 315	30 912	288 876
13 224	36 855	357 504
22 932	82 056	467 712
26 629	194 726	513 060

计算，并用概算法验算。

⑥ 469 × 37
507 × 58
952 × 17
345 × 62

⑦ 2 574 × 83
6 009 × 74
3 456 × 78
1 670 × 25

⑧ 7 351 × 62
1 849 × 15
5 289 × 79
4 218 × 70

⑨ 18 531 × 25
56 789 × 34
70 146 × 58
99 999 × 99

第 64 页

⑥ 469 × 37
14 070
3 283
——————
17 353

概算：500 × 40 = 20 000

⑩ "老虎乐队"的露天音乐会有 22313 人观看。普通门票 47 欧元，特价票 36 欧元，8 735 人买了特价票，请问，音乐会门票总共入账多少？

⑪ 梅兹先生对本周的营业额很满意。他售出了 8 台电脑共 4712 欧元，13 台纯平显示器，每台 245 欧元。

a) 梅兹先生本周的营业额是多少？

b) 电脑均价多少？

⑫	⑬	⑭	⑮
68 700 + 21 300 =	16 500 − 10 250 =	57 200 + ☐ = 73 200	416 000 − ☐ = 400 000
67 700 + 22 400 =	17 000 − 10 200 =	56 200 + ☐ = 74 200	436 000 − ☐ = 390 000
66 700 + 23 500 =	17 500 − 10 150 =	55 200 + ☐ = 75 200	456 000 − ☐ = 380 000
……	……	……	……

第65页

①
$$2683 \times 479$$

	2	6	8	3		×	4	7	9
1	0	7	3	2	0	0			
	1	8	7	8	1	0			
		2	4	1	4	7			
	1	1	1						
1	2	8	5	1	5	7			

步骤一：2683 × 400
步骤二：2683 × 70
步骤三：2683 × 9
步骤四：相加

概算：3 0 0 0 × 5 0 0 = 1 5 0 0 0 0 0

① 2 683 × 479   ⑥ 593 × 385
② 1 045 × 238   ⑦ 928 × 727
③ 4 226 × 214   ⑧ 802 × 341
④ 3 821 × 322   ⑨ 559 × 559
⑤ 5 007 × 184   ⑩ 648 × 392

⑪ 一辆长途巴士每天从柏林开往丹麦的哥本哈根，再返回。柏林距哥本哈根 429 千米。求这辆巴士一年（365 天）行驶多少千米？

⑫ 另一辆巴士每隔一天从弗伦斯堡途经基尔去巴黎，路途 1018 千米，第二天返回。这辆车一年行驶多少千米？

注意 0！

第65页

⑬
$$547 \times 406$$

	5	4	7		×	4	0	6
2	1	8	8	0	0			
		3	2	8	2			
	1	1						
2	2	2	0	8	2			

概算：5 0 0 × 4 0 0 = 2 0 0 0 0 0

⑬ 547 × 406   ⑱ 364 × 493   ㉓ 3 201 × 340
⑭ 398 × 503   ⑲ 910 × 870   ㉔ 1 003 × 709
⑮ 520 × 230   ⑳ 639 × 378   ㉕ 8 324 × 201
⑯ 732 × 608   ㉑ 704 × 407   ㉖ 4 433 × 707
⑰ 475 × 270   ㉒ 684 × 986   ㉗ 2 532 × 150

下面的题计算出错了。找出并说明错在哪儿，然后正确计算。

㉘
$$4265 \times 62$$
$$25590$$
$$8530$$
$$111$$
$$34120$$

㉙
$$628 \times 204$$
$$124600$$
$$2482$$
$$126082$$

㉚
$$259 \times 536$$
$$1295$$
$$777$$
$$1554$$
$$121$$
$$3626$$

㉛
$$5006 \times 550$$
$$253000$$
$$25300$$
$$278300$$

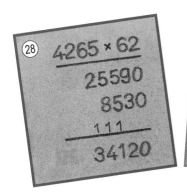
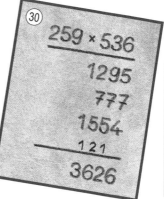

这些按键表示什么

AC　清除全部

C　清除最后一个数

÷　除以

×　乘

·　小数点

① 观察计算器，说说每个键的功能。

小组练习

② 做一个速度测试。

速度测试（适合3人玩）

- 一人出一道乘法题，第二个人口算，第三个人用计算器计算。谁更快？
- 以这种方式计算100以内的加法题，比较谁算得快。
- 再进行减法和除法的机算和口算的速度测试。

③ 计算器有各种型号。观察不同型号的计算器，想一想它们的用途有什么不同？

用计算器验算下列计算是否正确。

错误的话，请写出正确答案，并与你的伙伴进行核对。

④ 3 456 × 432 = 1 492 992
9 054 × 873 = 7 578 198
6 469 × 152 = 987 392
5 803 × 494 = 2 866 682

⑤ 345 + 5 290 + 1 045 = 6 689
6 004 + 580 + 3 415 = 9 729
5 059 + 298 + 4 285 = 9 642
8 691 + 2 750 + 3 = 11 414

⑥ 3 536 ÷ 8 = 444
15 003 ÷ 9 = 1 667
6 895 ÷ 5 = 1 319
70 004 ÷ 4 = 17 501

⑦ 45 053 − 2 901 − 12 153 = 30 000
56 789 − 9 876 − 26 913 = 10 000
80 333 − 51 999 − 8 333 = 20 001
94 101 − 66 303 − 22 799 = 5 000

⑧ 8 138 + 34 519 − 12 339 = 30 313
76 119 − 53 625 + 8 505 = 30 999
12 835 + 5 610 − 17 445 = 10 000
69 300 − 17 492 + 9 192 = 61 001

双人练习

⑨ 往计算器里输入一个三位数（例如：256），先把它乘7，再乘11，最后乘13，得数令人吃惊。再试试别的三位数，为什么会这样？

① 计算器可以用来"写字"。依次输入 0~9，把它倒过来看，哪些数字看上去像字母？
请写下来：0=O，1=I……

② 用字母拼单词，要组成这些单词，需要输入哪些数字？

单词	数字
ESEL	7353
LIEBE	38317

用计算器解字谜。

③ 8 972 – 7 594 =

④ 9 549 – 1 234 =

⑤ 9 476 – 1 159 =

⑥ 175 685 ÷ 5 =

⑦ 29 704 ÷ 8 =

⑧ 21 024 ÷ 6 =

⑨ 365 × 2 =

⑩ 7 481 × 5 =

⑪ 2 069 × 17 =

⑫ 45 141 + 28 794 =

⑬ 19 279 + 19 860 =

⑭ 14 750 + 24 567 =

双人练习

⑮ 编计算题，得数恰好是一个单词。例如：如果答案是 ILSE，对应相当输入 3 571，设计一道计算题，如：3 571 × 9 = 32 139。让你的伙伴解这道题的逆运算 32 139 ÷ 9，找出这组字母。

得数是多少?

⑯ OEL + SIEB =

SEIL + SOhLE =

ESEL + LIEBE =

⑰ EILE × ELSE =

LEIB × BEIL =

LESE × EIS =

⑱ LOSE – OEL =

hOEhLE – BOESE =

SOSSE – SIEB =

⑲ 345 × 493
951 × 562
403 × 108

⑳ 8 143 × 54
4 306 × 98
2 917 × 36

㉑ 1 002 × 572
4 107 × 123
2 983 × 304

㉒ 6 208 ÷ 8
1 777 ÷ 7
4 588 ÷ 9

㉓ 37 610 ÷ 4
44 702 ÷ 6
25 280 ÷ 3

单位换算。

① 36.82 € = ☐ ct
84.05 € = ☐ ct
73 € 9 ct = ☐ €
650 € 50 ct = ☐ €

② 45 mm = ☐ cm
709 mm = ☐ cm
9.3 cm = ☐ mm
21.4 cm = ☐ mm

③ 2 kg 359 g = ☐ kg
10 kg 10 g = ☐ kg
5.008 kg = ☐ g
34.670 kg= ☐ g

④ 480 s = ☐ min
720 s = ☐ min
3 min 50 s = ☐ s
11 min 11 s = ☐ s

⑤ 8 m 24 cm = ☐ cm
3 m 1 cm = ☐ cm
150 cm = ☐ m
746 cm = ☐ m

⑥ 56 380 kg = ☐ t
100 025 kg= ☐ t
6.403 t = ☐ kg
12.500 t = ☐ kg

⑦ 75 min = ☐ h ☐ min
210 min = ☐ h ☐ min
8 h = ☐ min
12 h = ☐ min

⑧ 6 701 m = ☐ km
48 294 m = ☐ km
0.059 km = ☐ m
120.800 km= ☐ m

单位换算，然后笔算。

⑨ 4 km 5 m + 8.700 km
7.500 t + 37 086 kg
599.08 € + 760 ct
5 h 55 min + 260 min

⑩ 10 321 g – 8.600 kg
27 m 3 cm – 1784 cm
810 min – 9 h
1 000 € – 199 € 5 ct

⑪ 64 cm 7 mm × 83
720 s × 64
280.79 € × 15
20.500 t × 29

⑫ 5 h 30 min ÷ 6
3.800 kg ÷ 5
460 km 8 m ÷ 4
21.7 cm ÷ 7

填空。

⑬ 3 800 m + ☐ = 5 km
2 450 m + ☐ = 5 km
4.905 km + ☐ =10 km
0.750 km + ☐ =10 km
17 km 40 m+ ☐ =20 km
9 km 3 m + ☐ =20 km

⑭ 230 min + ☐ = 5 h
95 min + ☐ = 5 h
470 min + ☐ =10 h
513 min + ☐ =10 h
6 h 40 min + ☐ = 1 d
18 h 5 min + ☐ = 1 d

⑮ 8 t 800 kg + ☐ = 10 t
2 t 42 kg + ☐ = 10 t
5.060 t + ☐ = 20 t
19.100 t + ☐ = 20 t
53 900 kg + ☐ =100 t
94 008 kg + ☐ =100 t

填入 >、<、=。

⑯ $\frac{1}{2}$ kg ◯ 5 000 g
$\frac{3}{4}$ kg ◯ 75 g
$4\frac{1}{4}$ t ◯ 4.250 t
$10\frac{1}{2}$ t ◯ 10 t 50 kg

⑰ 5.900 km ◯ 5 009 m
12.050 km ◯ 12 500 m
639 cm ◯ 60 m 39 cm
13.40 m ◯ 134 cm

⑱ 70 h ◯ $2\frac{1}{2}$ d
18 h ◯ $1\frac{3}{4}$ d
540 s ◯ 9 min
1 000 s ◯ 100 min

① 想象一下，你可以独自为自己设计房间布局，有 100 平方米。画出你梦想中的房间布局，用练习本上的四小格表示 1 平方米。

② 把你们的设计图相互比较，找出不同处和相同处。

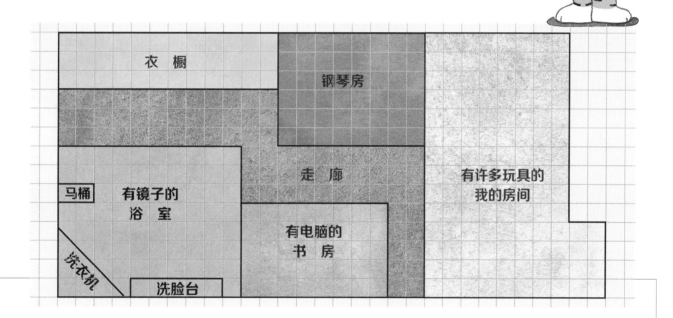

③ 这是丽萨的设计图，估算一下哪间房最大？哪间最小？

④ 把她的设计图画到你的本子上。

⑤ 在设计图的每个房间里画厘米格。四小格表示一个厘米格，每个房间分别有多少个厘米格？

⑥ 办一场"小小建筑师"比赛，比一比谁的设计图最好。

⑦ 在校园院子里画出其中一幅设计图，将设计图上的 1 厘米放大成 1 米。

⑧ 在校园"你们的房子"里玩，看看居住是否舒适，还有哪里需要完善？

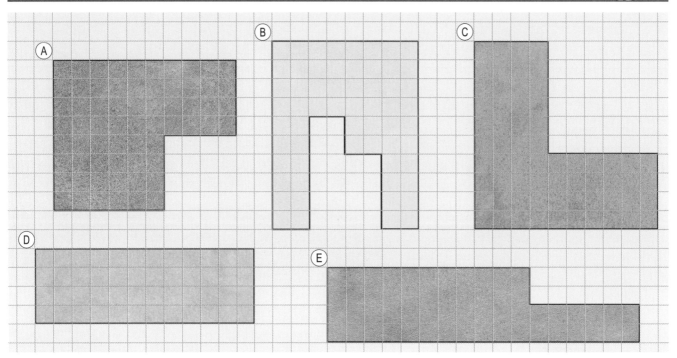

① 预估一下，哪个图形面积最大，哪个第二大，依次排列一下。

② 把图 Ⓐ ~ Ⓔ 画到你的练习本上。

③ 在图形里画厘米格,每个图形里有几个厘米格?
验证你题①里的预估。

④ 画面积为 20（18、15、13）厘米格大小的图形，
与你的伙伴作比较。

⑤ 画长方形。用乘法算出它们的面积相当于多少个厘米格。

a) 长 3 厘米, 宽 5 厘米   c) 长 2 厘米, 宽 6 厘米
b) 长 7 厘米, 宽 1 厘米   d) 长 4 厘米, 宽 2.5 厘米

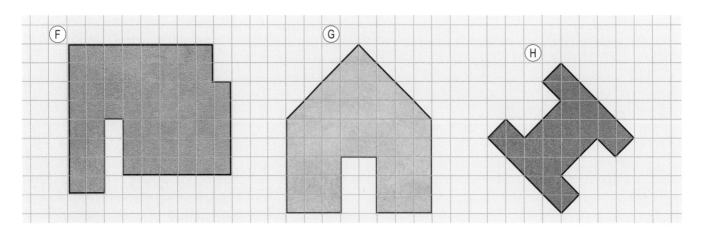

⑥ 图形 Ⓕ ~ Ⓗ 的面积相当于多少个格子大小?
相当于多少个厘米格大小?

⑦ 在格子纸上画图形,让你的伙伴计算图形面积,用练习本格子和厘米格表示。

① 阿德里安为躲球比赛场地画线，比赛场长 12 米，宽 8 米。
阿德里安要画多长的线？

② 测量下面图形的周长。

周长必须测外围。

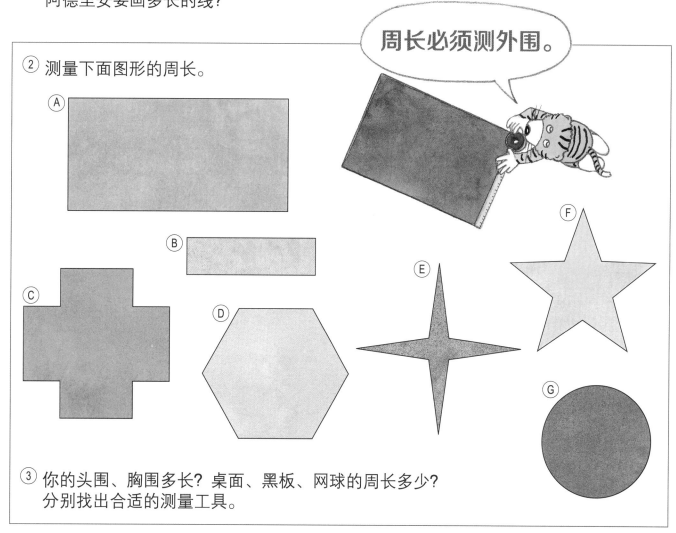

③ 你的头围、胸围多长？桌面、黑板、网球的周长多少？
分别找出合适的测量工具。

用逆运算进行验算。

④	⑤	⑥	⑦
380 927 + 596 485	856 329 − 679 403	860 493 ÷ 3	987 654 ÷ 4
467 139 + 278 103	904 702 − 576 814	649 785 ÷ 5	741 832 ÷ 6
109 762 + 759 614	680 043 − 389 148	126 336 ÷ 7	400 612 ÷ 8
896 435 + 91 758	137 241 − 90 652	724 248 ÷ 9	558 901 ÷ 5
64 891 + 830 692	700 020 − 456 789	500 004 ÷ 6	234 567 ÷ 2

提问并解答，为每道题画一张草图。

① 艾塞勒先生为维布科的房间装地毯压边条。房间宽 3.20 米，长 4.50 米，门含门框宽 90 厘米。

② 格林女士要围栅栏防止蜗牛吃她的生菜。防蜗牛栅栏每截长 50 厘米，菜地宽 2.40 米，长 4.90 米。

③ 农夫鲍曼用铁丝网把他的牧场围了起来，他围了三层。牧场长 34 米，宽 27 米。宽 2.70 米的门不围铁丝网。

④ 一面长 12 米，高 4 米的墙要重新粉刷。颜料桶上写着："这桶颜料可以刷 10 平方米面积。"

⑤ 在院子里植草皮。院子长 8.50 米，宽 6 米，每块草皮 2 平方米。

⑥ 长 3.30 米，宽 2.70 米的浴室要铺正方形地砖，正方形地砖边长 30 厘米。

⑦ 伊达的房间是正方形的，面积为 16 平方米。伊达的爸爸用 39.90 欧元 / 平方米的木地板铺房间，使用 8.50 欧元 / 米的压条。

⑧ 雷娜画了一个长方形，长 8 厘米，宽 2 厘米。凡瑞娜说："我能画出周长相同，但面积比它大 9 厘米格的长方形。"

⑨

一人从 1 开始读数，另一人喊"停！"所有人把第一个人数到的数字填入表格。
然后用这个数计算。谁最先做完，谁就喊"停！"
每答对一题得 5 分，看看谁在五轮后的得分最高。

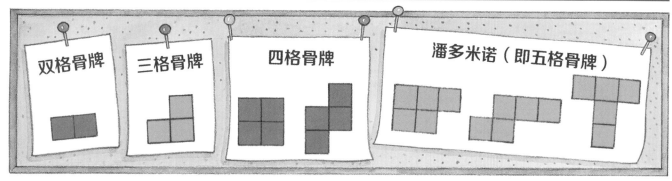

① 把结果填入表格。

a) 从附页 3 里取出两个正方形，使它们的一条边重合，得到一个双格骨牌。若正方形的边长为 6 厘米，求这个双格骨牌的周长。

b) 将三个正方形摆放在一起（三格骨牌），有两种组合方式，请计算它们的周长。

c) 四格骨牌有五种不同的组合方式，请分别计算出它们的周长，你有什么发现？

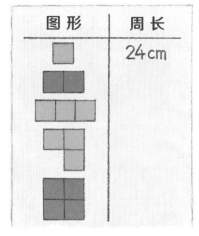

图形	周长
	24 cm

② 潘多米诺由 5 个正方形组成，找出它所有的组合方式。

提示： 把一个正方形加在一副四格骨牌的其中一条边上。把你找到的所有潘多米诺的组合图形缩小画在练习本上，与其他同学进行比较。

双人练习

③ 在纸板上画几个潘多米诺，剪下来。取两个（三个、四个）潘多米诺进行组合，并沿边画出组合图形的轮廓。让你的伙伴看着轮廓图猜一猜，它是由哪几个潘多米诺组成的。

④ 画面积为 16 厘米格大小的长方形。宽从 1 厘米开始递增，测出它的周长，填入表格里。能得出什么结论？

⑤ 分别画两个面积为 9（12、15、20）厘米格的长方形，使其中一个长方形的周长尽可能长，另一个尽可能短。

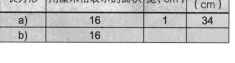

长方形	用厘米格表示的面积	宽（cm）	周长（cm）
a)	16	1	34
b)	16		

不通过笔算来对下面的数字进行判断。

⑥ 被 2 整除	⑦ 被 4 整除	⑧ 被 5 整除	⑨ 被 3 整除	⑩ 被 9 整除	⑪ 被 6 整除
385	836	490	123	123	450
236	526	552	345	345	663
294	372	661	567	567	936
667	990	805	789	789	999

笔算，用计算器验算。

① 47 198 × 7   ④ 6 305 × 82   ⑦ 963 × 548   ⑩ 5 091 × 643

② 83 652 × 8   ⑤ 8 749 × 64   ⑧ 758 × 906   ⑪ 2 874 × 895

③ 90 996 × 9   ⑥ 3 006 × 79   ⑨ 847 × 614   ⑫ 9 876 × 543

单位换算，然后笔算。

⑬ 6 t 829 kg + 7.530 t + 9 004 kg   ⑰ 13 t 572 kg ÷ 6   ㉑ 8.267 t × 46

⑭ 840.09 € − 35.67 €   ⑱ 6 097.50 € ÷ 9   ㉒ 7 083 ml × 38

⑮ 8 h + 375 min + $\frac{3}{4}$ h   ⑲ 4.560 km ÷ 8   ㉓ 31 km 29 m × 50

⑯ 72.14 m − 48 m 6 cm   ⑳ 56.40 m ÷ 4   ㉔ 205.39 € × 72

求解。

㉕ 42 842 和 309 675 的和。

㉖ 549 和 826 的积。

㉗ 600 132 与 289 047 的差。

㉘ 123 456 与 7 的商。

㉙ 在练习本上画出下列图形。
计算每个图形的周长（单位：cm）和面积（用厘米格表示）。

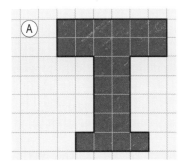
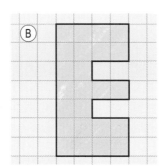
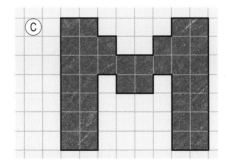

㉚ 画出与图形Ⓐ、Ⓑ、Ⓒ相同周长（或相同面积）的其他平面图形。

㉛ 普拉格先生想给家里的晾台铺上地砖。他需要边长为 100 厘米的方形瓷砖 24 块，长为 2 米宽为 0.5 米的边砖 12 块，普拉格先生家的晾台面积是多少？

㉜ 比勒先生种苹果树，第一行苹果树每棵间隔 80 厘米，第二行每棵间隔 1 米。

a) 几米之后两行苹果树会平齐？

b) 至此他总共种了多少棵苹果树？
画草图解题。

① 农民约胡姆家的樱桃成熟的季节，要请9个帮工帮忙5天。他今年只找到5个帮工，得忙几天？

② 路易斯洗袜子，一双红色，一双蓝色，一双黑色。当她在昏暗的洗衣间里摆放袜子时，没有一双是放对的，且放错的袜子里每双都不同。请问她把袜子放成什么样了？

③ 怎样用这两个沙漏计算出 8 分钟时间？

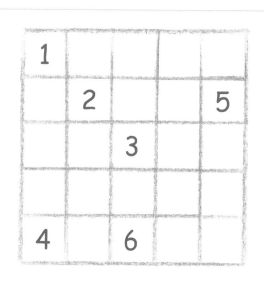

④ 用垂直或水平的直线把 1、2、3、4、5、6 依次连起来，每个格子都要经过一遍，且只经过一遍。

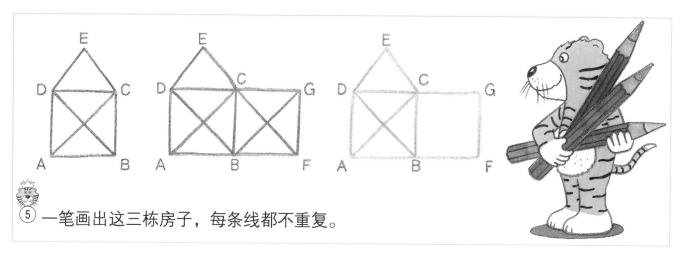

⑤ 一笔画出这三栋房子，每条线都不重复。

在健康的孩子活动日，调查了 6~10 岁的男生女生各 100 人：他们多久运动一次？多久在户外活动一次？问卷结果用柱形图表示。

你空闲的时候多久运动一次？

你多久在户外玩一次？

① 你们能从这两个柱形图中解读出什么？

② 下面的说法是否与柱形图所示相符？

a) 许多孩子从不在户外玩耍。

b) 大部分的男生和女生几乎每天都会到户外玩耍。

c) 孩子最喜爱的户外活动是"捉迷藏"。

d) 大部分男生很少运动。

e) 每天都运动的男生是女生的两倍。

f) 100 名女生中有 60 人每周运动 1~5 次。

小组练习

③ 在你们学校里作这项调查，结果用柱形图表示。

④ 在全班面前展示你们的调查结果，说说你们有什么发现。

⑤ 将你们的结果与前面的调查结果进行比较，找一找相同点和不同点。

⑥ 想一想，为什么一些孩子从不在户外活动，或从不运动。怎样才能激发他们对运动和游戏的热情？

76

"抽数字牌"游戏的规则

- 一个小袋子里装了数字牌1、2、3、4。
- 轮流抽一张牌，把牌面上的两个数相乘。
- 得数是奇数，则其中一人赢；若是偶数，则另一人赢。

① 游戏前请判断该游戏是否公平。

② 作游戏，记录下游戏结果。谁赢了五次，就胜出。

③ 用一张表格记录下所有可能的结果，用绿笔圈出偶数，用红笔圈奇数。你能得出什么结论？

×	1	2	3	4
1	-	2	3	4
2	2	-	6	
3				
4				

② ③

④ 想一想，为什么有多个结果。借助下面这些句子作出解释：

一个偶数和一个奇数相乘，结果……

两个偶数相乘，结果……

两个奇数相乘，结果……

⑤ 判断正误。

	正确	错误
肯定是结果为偶数赢的人获胜。		
结果为奇数赢的人可能会输。		
结果为偶数赢的人可能获胜。		
不可能三次的结果都相同。		
总是更聪明的那个人赢。		

⑥ 怎样才能使这个游戏公平进行？换掉其中一张牌。像题③一样，用表格记下所有可能的结果。

提示：用一张奇数牌（如：5）替换一张偶数牌。

找出各题里的错误。

⑦	⑧	⑨	⑩	⑪
34 905	62 048	5 043 × 27	6 209 × 83	45 927
+ 27 095	− 18 761	35 301	18 627	3 281
61 990	54 287	10 086	49 672	+ 17 654
		45 387	515 247	66 662

双人游戏 1

游戏牌 1
如果连续两次取出的插件立方是同一种颜色，就算赢。

游戏牌 2
如果连续两次取出的插件立方的颜色都不同，就算赢。

游戏规则：

每人选一张游戏牌。小袋子里有红色和蓝色的插件立方各一个，每人连续三次从袋里取出一个插件立方。每次取出来后都要放回袋子里。

① 玩 10 轮游戏 1，记录下游戏结果，谁获胜了？

② 画出取三次插件立方所有的可能。每个人赢的机率相同吗？

双人游戏 2

小袋子里有蓝、红、黄三个插件立方。每次从袋子里取出两个，每次取出来后要放回去。

③ 画出所有的可能性。有几种可能？

④ 设计两张游戏牌，写上赢的规定，使游戏双方赢的机会均等。

提示：注意插件立方垒的小塔的颜色。

⑤ 根据你们自己设计的规定玩游戏 2，记录下游戏结果。谁获胜了？

⑥ 判断这些赢的条件是否能使游戏双方赢的机会均等。

a)

游戏牌1
如果第一个取出的立方是黄色，就算赢。

游戏牌2
如果第一个取出的立方是蓝色，就算赢。

b)

游戏牌1
如果取出的三个立方里正好只有一个是蓝色，就算赢。

游戏牌2
如果取出的三个立方里有两个颜色相同，就算赢。

c)

游戏牌1
如果第二个取出的立方是红色或者黄色，就算赢。

游戏牌2
如果取出的三个立方有两种不同的颜色，就算赢。

⑦ 比较这两个游戏有什么不同之处。

現金支付，还是分期付款？

分期付款（贷款购买）是指不是一次性，而是在几个月里分几次支付一件商品的价格。

① 根据图表解释什么叫现金支付、什么叫分期付款。

现金支付	分期付款

现金价格

贷款价格	最后一期还款
	第……期还款
	第三期还款
	第二期还款
	第一期还款
首付	

② 计算座椅的贷款价格，并与现金价格进行比较。
如果你想买一张座椅，你会怎么办？

③ 说说分期付款的利与弊。

④ 一台电视机的现金价格为 1869 欧元。商家提供分期付款的购买方式，首付 1000 欧元，分 10 期，每期还款 90 欧元。求贷款价格。

⑤ 霍尔女士为一架二手钢琴支付首付 810 欧元，余款分 12 个月还，每月还款 70 欧元。现金价格比贷款价格便宜 38 欧元，求现金价格。

⑥ 莱茵丽希女士买了一台 1080 欧元的洗衣机，首付付了总价的三分之一，余款每月偿还 60 欧元。她要还几个月的贷款？

⑦ 施尼策女士买了一辆新车，首付支付了 7000 欧元，余款分 16 个月还。10 个月后她还欠款 3810 欧元。求她的每月还款额。

填入 >、<、=。

⑧ $18 \times 4 \bigcirc 9 \times 19$
$14 \times 7 \bigcirc 9 \times 15$
$16 \times 6 \bigcirc 8 \times 12$
$13 \times 5 \bigcirc 4 \times 16$

⑨ $5 \times 46 \bigcirc 7 \times 35$
$8 \times 24 \bigcirc 6 \times 32$
$4 \times 71 \bigcirc 5 \times 58$
$9 \times 63 \bigcirc 6 \times 93$

⑩ $84 \div 6 \bigcirc 95 - 59$
$105 \div 7 \bigcirc 105 - 93$
$76 \div 4 \bigcirc 204 - 185$
$144 \div 8 \bigcirc 156 - 139$

本周
明星产品

只要

24110 €

轻轻松松分期付款！
首付： 7800 €，
712€ × 24个月

或者

首付： 7800 €，
360€ × 48个月

① 汽车行买车有多种支付方式。求这两个贷款价格，并与现金价格作比较。

② 约斯家买新房要向银行贷款 105000 欧元，他们可以向下面三家银行贷款：

银行 A	银行 B	银行 C
贷款期限 10 年	贷款期限 12 年	贷款期限 15 年
月供1080 欧元	月供 890 欧元	月供 730 欧元

哪家银行的贷款最便宜？

③ 吉瑞西先生贷款买了许多东西。他每月要付 97 欧元还电视机的贷款、付 322 欧元还车贷、付 253 欧元还家具的贷款。现在他还想买一台洗衣机。他每月最多能支出 700 欧元用于还贷款。你们可以给吉瑞西先生一些建议吗？

④ 霍茨家想装修新厨房，贷款价格为 12 500 欧元。
他们这么算：

每月收入	2975 欧元
房租伙食费	1650 欧元
汽车消费（油费、维修费等）	320 欧元
新衣服、电话费、报刊费等	280 欧元
旅游存款	300 欧元

a) 霍茨家可以支付得起多高的月供？
b) 如果不用首付，他们要还款多少个月？

⑤ 填空。

贷款 A	10 000 €
分期	60
月供	195 €
还款总额	
还款总额与贷款的差额	

贷款 B	15 000 €
分期	48
月供	352 €
还款总额	
还款总额与贷款的差额	

贷款 C	12 000 €
分期	36
月供	419 €
还款总额	
还款总额与贷款的差额	

① 精确到千位。
7591　16350　800943
3406　49801　250399
5055　62099　999606

② 精确到万位。
6382　14585　　705001
4550　53091　　321678
8008　97214　　276092

③ 精确到十万位。
90084　650549　1348765
56500　209900　1085973
49856　876543　1450005

④ 凑足到相邻的整千。
8400　12200　756700
4630　35910　234560
9858　59009　609394

⑤ 凑足到相邻的整万。
2800　49100　505500
8040　60090　158850
7777　34044　999991

⑥ 凑足到相邻的整十万
60000　245000　1190000
85000　360900　1523000
49900　708530　1999900

⑦ 求和。
a) 342918, 56082, 259763
b) 8935, 90371, 900428
c) 297652, 106559, 581675
d) 738, 5107, 471529, 894

⑧ 求差。
a) 842315, 593678
b) 104012, 98765
c) 736637, 637736
d) 487359, 349210

⑨ 求积。
a) 456, 789
b) 987, 654
c) 2031, 408
d) 9452, 167

⑩ 求商。
a) 458024, 7
b) 395060, 4
c) 368698, 8
d) 450319, 5

填上空缺的数字。

⑪
```
  6 8 9 ✿ 1        2 9 ✿ 4 7 ✿
+ 4 ✿ 9 ✿ 6 8    + ✿ 8 ✿ 9 8
—————————————    —————————————
  7 7 ✿ 3 1 ✿      ✿ 5 2 2 ✿ 4
```

⑫
```
  ✿ 2 4 ✿ 1 5      8 4 ✿ 5 7 ✿
- 3 9 ✿ 8 ✿ 3    - 2 ✿ 7 ✿ 2 9
—————————————    —————————————
  3 ✿ 6 4 5 ✿      ✿ 4 2 9 ✿ 7
```

⑬
```
  ✿ 3 7 × 2 9 ✿      5 6 ✿ × 3 ✿ 4
  ————————————       ——————————————
    8 7 ✿ 0 0          ✿ 7 0 4 0 0
    3 9 3 ✿ 0            5 6 8 ✿
    ✿ 1 8 5              2 2 ✿ 2
  ————————————       ——————————————
  ✿ 2 8 9 1 ✿        1 ✿ 8 ✿ 5 2
```

提问并解答。

⑭ 布鲁姆先生有一条长 264 米的栅栏,他用它来围他的正方形牧场。

⑮ 瓦尔托女士要给她的长 8.50 米,宽 5.60 米的蔬菜地围上栅栏,防止蜗牛来吃。

⑯ 菲利克斯的房间长 5.20 米,宽 4.80 米,要装新的软木地板和地脚线。一块正方形的软木地板边长为 40 厘米。

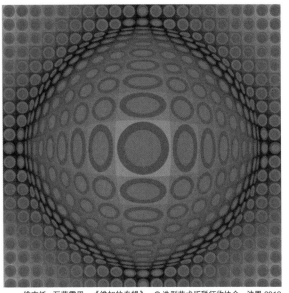

维克托·瓦萨雷里：《维加的专辑》。©造型艺术版税征收协会，波恩 2013

玛丽安娜·汉森：《运动中的圆》

① 仔细描绘这两幅画，注意里面的形状和色彩。这两幅画有什么共同点和不同点？

② 维克托·瓦萨雷里怎样做，让球看上去像要从画里鼓出来了？

③ 玛丽安娜·汉森怎样做让人觉得画里的圆在动。

④ 用圆规、直尺和颜料画一幅像这幅玛丽安娜·汉森的画。

⑤ 在你的本子上画一个圆，标出：
半径（r）、直径（d）、圆心（M），圆周（K）。

⑥ 画半径为 r 的圆。
a) r = 4 cm   c) r = 2.5 cm   e) r = 7.5 cm
b) r = 6 cm   d) r = 5.5 cm   f) r = 10 cm

⑦ 画直径为 d 的圆。
a) d = 10 cm   c) d = 5 cm   e) d = 12 cm
b) d = 4 cm   d) d = 7 cm   f) d = 15 cm

⑧ 在一张纸上（不借助工具）徒手画一个圆，剪下这个圆，按中线对折两次，再打开它，得到圆心。用圆规检查你画的圆够不够标准。

阿尔布雷特·丢勒

（1471~1528）

丢勒是一位著名画家，他的作品以版画最具影响力，也许你认识他的画作《祈祷的手》。

有一次，丢勒去参加一场绘画大赛。许多人都画出美妙的画，而丢勒只画了一个圆，并在它的中心标了一个点。大家都吃惊极了。

他们嘲笑他："这画了个什么东西？"丢勒让他们用圆规检验一下这个圆是否标准，结果发现这个圆非常精确。大家意识到，这可比画个果篮之类的难多了。

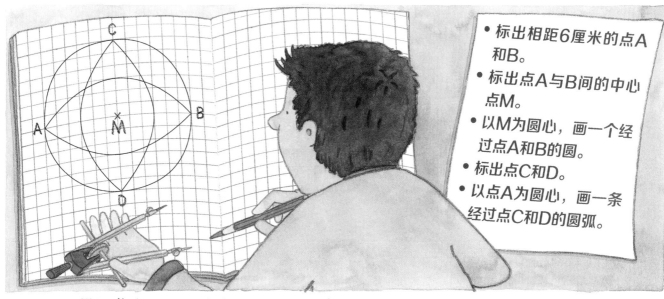

• 标出相距6厘米的点A和B。
• 标出点A与B间的中心点M。
• 以M为圆心，画一个经过点A和B的圆。
• 标出点C和D。
• 以点A为圆心，画一条经过点C和D的圆弧。

尼可莱发现了一个有趣的圆形图案，思考如何把它照着画下来，他描述了他作图的起始步骤。

① 在练习本上画出该图形。

② 完成作图步骤的描述。

③ 给图形着色，一幅漂亮的图就画好了。

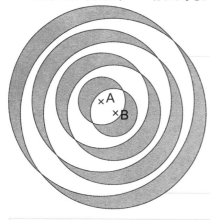

④ a) 画出相距 7 毫米的点 A 和 B，以 A 为圆心画半径为 1 厘米、2 厘米、3 厘米、4 厘米的圆，再以 B 为圆心画半径为 1 厘米、2 厘米、3 厘米、4 厘米的圆。

b) 给图形着色。

双人练习

⑤ 说说这个花纹是怎么画的，然后把这个花纹放大两倍画下来，并向四个方向继续延伸。

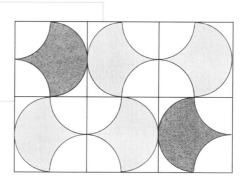

⑥ 将该图案放大后画下来，大圆的半径为 4 厘米。

⑦ 用圆规自主设计一些花纹和图案。

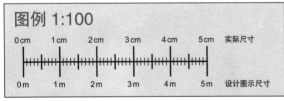

图例 1:100

0cm 1cm 2cm 3cm 4cm 5cm 实际尺寸

0m 1m 2m 3m 4m 5m 设计图示尺寸

博格小学的孩子们参与校园操场的规划。他们要用 1:100 的比例画设计图，按比例尺：设计图上的 1 厘米为实际 100 厘米。

① 把操场的轮廓图画在一张纸上，精确到毫米。

② 在设计图上安排游戏设施，注意它们的尺寸。注意：滑梯、秋千与其他设施之间需保持 2 米的安全距离，单杠和平衡木只需保持 1 米的安全距离。安全距离用红笔标出。

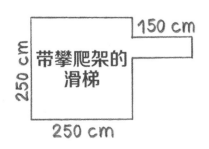

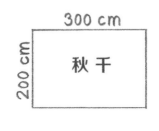

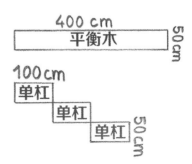

阿雷曼小学

选手	用时 （分：秒）
一号选手	9:21
二号选手	9:41
三号选手	8:42
四号选手	9:34
五号选手	8:50
六号选手	8:34
七号选手	9:07
八号选手	9:42
九号选手	9:20
十号选手	9:37

波恩多夫小学

选手	用时 （分：秒）
一号选手	8:45
二号选手	8:58
三号选手	9:27
四号选手	8:22
五号选手	8:52
六号选手	8:36
七号选手	9:18
八号选手	8:28
九号选手	9:27
十号选手	8:54

每年有来自 80 个学校的 2 700 名学生参加蒂恩根的迷你马拉松（全程 2.1 千米）。表格里列出了两个代表队选手的成绩。

① 比较两支队伍的成绩。最快的选手跑完全程用时多少？最慢的选手用时多少？

② 最快的选手与最慢的选手跑完全程用时相差多少？

③ 迷你马拉松的小学生记录是 7 分 49 秒。这与波恩多夫小学跑得最快的成绩相差多少？

④ 在计算团队成绩时，要把所有选手的成绩相加，计算每支队伍总共用时多长。

⑤ 计算一下，跑得最快的迷你马拉松选手跑真正的马拉松（42 米）需要多长时间，并与世界记录作比较。

⑥ 用一张表格列出你们的赛跑成绩，并计算快慢。

     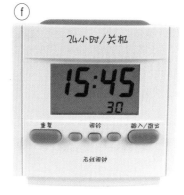

⑦ 准确读出表上显示的时间，用两种方法书写下来。
从一天的开始计算，已经过去了多少时间？
再过多少时间一天就结束了？

⑧ 把单位换算成秒。		⑨ 把单位换算成分钟。		⑩ 把单位换算成小时。	
a) 3 min	b) $\frac{1}{2}$ min	a) 240 s	b) 12 h 12 min	a) 250 min	b) 2 天
5 min	$\frac{3}{4}$ min	360 s	6 h 30 min	400 min	5 天
10 min	$\frac{1}{4}$ min	500 s	5 h 12 min	750 min	1 星期
30 min	$2\frac{1}{2}$ min	1 000 s	10 h 45 min	960 min	30 天

等式	不等式
95 + □ = 100	95 + □ < 100
95 + x = 100	95 + x < 100
答:	答:
x = 5	x = 0, 1, 2, 3, 4

请你们找出字母相对应的数字。

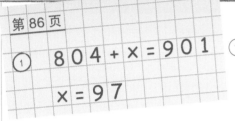

第 86 页
① $804 + x = 901$
$x = 97$

口算解等式。

① $804 + x = 901$
$392 + x = 414$
$670 + y = 725$
$549 + y = 630$

② $x + 710 = 777$
$x + 178 = 208$
$y + 498 = 555$
$y + 674 = 1000$

③ $195 - x = 103$
$615 - x = 520$
$304 - y = 190$
$444 - y = 396$

④ $x - 200 = 362$
$x - 561 = 239$
$y - 270 = 317$
$y - 333 = 667$

⑤ $7 \times a = 42$
$4 \times a = 36$
$14 \times b = 42$
$15 \times b = 60$

⑥ $a \times 5 = 45$
$a \times 9 = 72$
$b \times 6 = 36$
$b \times 7 = 56$

⑦ $28 \div a = 7$
$81 \div a = 9$
$48 \div b = 8$
$18 \div b = 3$

⑧ $a \div 4 = 6$
$a \div 12 = 4$
$b \div 19 = 2$
$b \div 25 = 4$

解下面的等式，请注意运算法则。

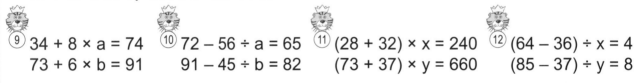

⑨ $34 + 8 \times a = 74$
$73 + 6 \times b = 91$

⑩ $72 - 56 \div a = 65$
$91 - 45 \div b = 82$

⑪ $(28 + 32) \times x = 240$
$(73 + 37) \times y = 660$

⑫ $(64 - 36) \div x = 4$
$(85 - 37) \div y = 8$

解不等式。

⑬ $312 + x > 320$
$196 + x > 205$
$437 + y > 437$
$555 + y > 600$

⑭ $x + 499 < 505$
$x + 228 < 230$
$y + 765 < 770$
$y + 996 < 1000$

⑮ $212 - x < 200$
$456 - x < 450$
$308 - y < 295$
$591 - y < 510$

第 86 页
⑬ $312 + x > 320$
$x = 9, 10, 11, 12, \ldots\ldots$

⑯ $y - 95 > 110$
$y - 320 > 85$
$x - 200 > 342$
$x - 610 > 390$

⑰ $35 > 5 \times a$
$48 > 6 \times a$
$54 > 6 \times b$
$27 > 9 \times b$

⑱ $a \times 4 > 20$
$a \times 3 > 18$
$b \times 6 > 50$
$b \times 8 > 25$

⑲ $24 \div a < 8$
$42 \div b < 6$
$63 \div c < 9$
$35 \div d < 7$

⑳ $a \div 9 > 5$
$b \div 3 > 8$
$c \div 8 > 4$
$d \div 6 > 7$

写出解集中最小的值。

㉑ $360 \div 40 < x$
$160 \div 20 < x$
$490 \div 70 < x$

㉒ $480 \div 6 < x$
$320 \div 8 < x$
$450 \div 9 < x$

㉓ $700 \times 50 < y$
$600 \times 90 < y$
$300 \times 70 < y$

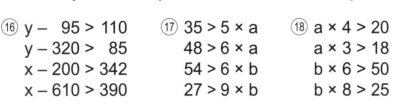

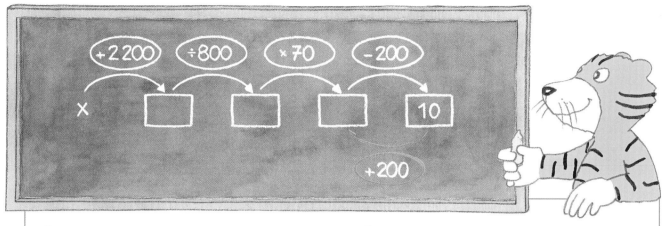

① 一个数 x，加 2200，除以 800，乘 70，减 200，得 10。

② 一个数 y，乘 8，加 140，得数的一半再减 250，得 100。

③ 一个数 x，除以 4，乘 90，加 90，减 809，得 1。

④ 一个数 y，减 250，除以 2，加 250，乘 2，得 750。

⑤ 哪些数大于 9 的 7 倍?

⑥ 哪些数小于 12 的 8 倍?

⑦ 哪些数大于 15 的 4 倍，小于 8 的 9 倍?

⑧ 哪些数小于 276 的两倍，大于 6 的 90 倍?

⑨ 三个数 x、y、z，它们的和是 70，x 是 y 的两倍，z 是 x 的四分之一。

⑩ 三个数 a、b、c，a 在 50 和 100 之间，a 减 b 的差是 c 的两倍。

下面符号表示哪些数? 相同的符号代表同一个数。

相同符号代表同一个数字。

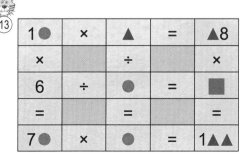

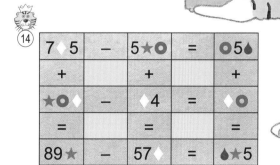

笔算并验算。

① 765 398 + 209 687
② 89 + 6 754 + 300 628
③ 109 + 470 968 + 9 527

④ 5 842 × 73
⑤ 971 × 468
⑥ 2 036 × 509

⑦ 834 216 − 679 428
⑧ 400 132 − 98 765
⑨ 102 030 − 30 264

⑩ 866 256 ÷ 8
⑪ 710 916 ÷ 5
⑫ 134 025 ÷ 7

解等式。

⑬ 531 + x = 606
⑭ 952 − y = 470
⑮ x + 605 = 915
⑯ y − 397 = 108

⑰ 7 × a = 105
⑱ 92 ÷ b = 23
⑲ a × 6 = 312
⑳ b ÷ 8 = 103

解不等式。

㉑ 520 + x < 538
㉒ 719 − y > 699
㉓ x + 304 > 416
㉔ y − 195 < 180

㉕ 8 × a > 65
㉖ 48 ÷ b < 12
㉗ a × 13 < 73
㉘ b ÷ 20 > 14

㉙ 一个数 x，乘 5 000，加 14 000，除以 900，减 28，得 32。

㉚ 一个数 y，除以 1 500，乘 25，加 100 250，减 99 999，得 1 001。

㉛ 舒尔特女士想买一辆软篷轿车，价格 21 447 欧元。她付了首付 12 870 欧元，余款她想分 9 期偿还。

㉜ 彼得家买了新家具，贷款价格 8 341 欧元。彼得太太分 15 期还款，每期还款 354 欧元。请问首付是多少？

㉝ 将图形放大两倍画在你的练习本上，标出平行线和直角。

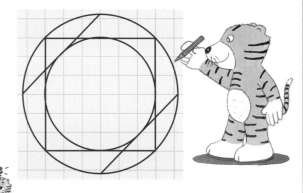

㉞ 用圆规和三角板自主画图形，写下你的作图步骤。

㉟ 将扑克牌反扣在桌上，从中抽出一张。用涂色表示你抽中的概率。

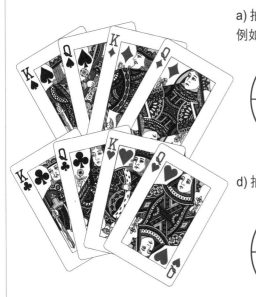

a) 抽中红桃 K 的概率 例如：

b) 抽中红桃的概率
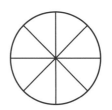

c) 抽中红桃 Q 的概率
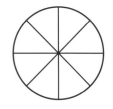

d) 抽中 Q 概率

e) 抽中 K 的概率

f) 抽中 Q 或 K 的概率
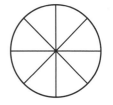

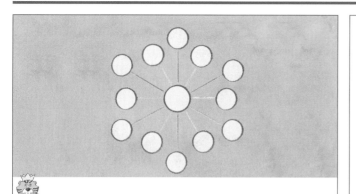

① 填入数字 1~13，使得每条线上的和都为 21。

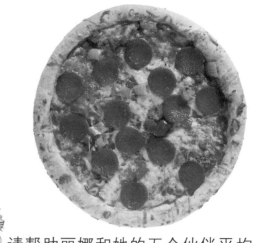

② 请帮助丽娜和她的五个伙伴平均分配这个比萨，使每块一样大。可以借助一支圆规解题。

③ 拉赫为孩子们的生日想出一个游戏：每个孩子可以从一个大口袋里随意拿棒棒糖，但最多只能拿 40 颗。现在每人把各自手中的棒棒糖平均分成两份，谁能成功做到，就能得 1 分。然后每人把各自手中的棒棒糖平均分成三份，成功的话又能得 1 分。继续让孩子们把手中的棒棒糖平均分成 4 份、5 份……你想得分最高的话，应该拿多少颗棒棒糖？

④ 匹诺曹爱说谎。一天早晨，他的鼻子 5 厘米长。但他每说一次谎，鼻子就变长 3 厘米；每说一次真话，鼻子就缩短 2 厘米。当一天结束的时候，他说了 7 次谎，他的鼻子 20 厘米长。请问，他这天说了几次真话？

⑤ 市内公园里一条河上有 5 座桥。从河的左边走到右边，如何走可以通过最少的桥？

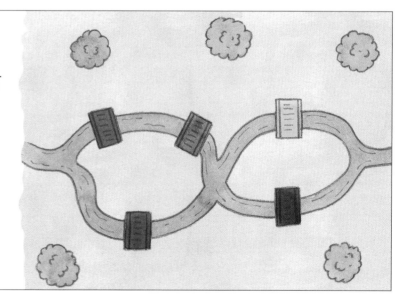

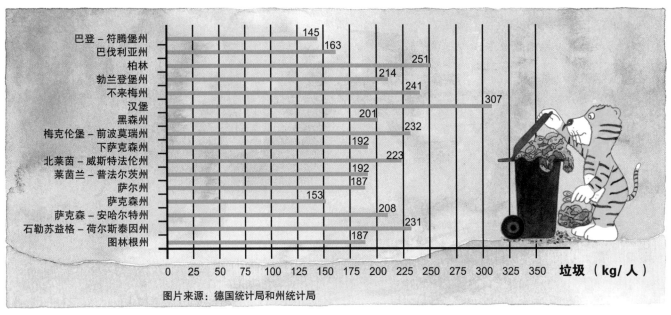

统计一下，各州每年人均产生垃圾多少千克（不含可回收垃圾）。

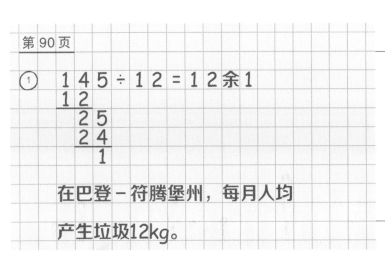

① 挑选四个州，计算这四个州每月人均产生垃圾多少千克。

② 计算一下你的班级每月产生多少垃圾。想一想，这个量到底有多重？

③ 把可回收垃圾考虑在内，下面八个国家每人每年产生的垃圾量如下：

爱尔兰	英 国	奥地利	德 国	波 兰	法 国	卢森堡	芬 兰
636 kg	521 kg	591 kg	450 kg	315 kg	532 kg	678 kg	470 kg

a) 将这些国家按人均总垃圾排放量的大小排序。
b) 计算每个国家一个月的人均垃圾排放量。
c) 把上题的结果用柱形图表示。（1kg 垃圾 = 1mm 柱长。）

④ 42 855 ÷ 15
84 615 ÷ 15
29 985 ÷ 15
93 105 ÷ 15

⑤ 16 016 ÷ 11
82 951 ÷ 11
61 105 ÷ 11
42 636 ÷ 11

⑥ 60 275 ÷ 25
33 675 ÷ 25
79 800 ÷ 25
21 350 ÷ 25

⑦ 34 346 ÷ 13
17 212 ÷ 13
40 365 ÷ 13
65 039 ÷ 13

⑧ 32 368 ÷ 14
23 200 ÷ 16
51 442 ÷ 17
38 556 ÷ 18

在德国，平均每人每年产生 450 千克垃圾。

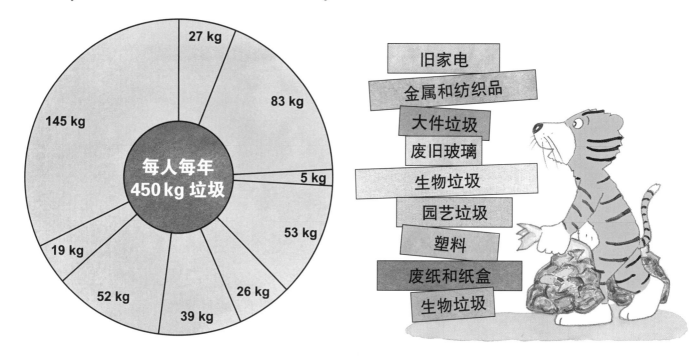

人们产生不同的垃圾按重量排序，生物垃圾最多。

① 每类垃圾平均每人每年产生多少千克?

② 除生物垃圾外，其余垃圾都可以循环再利用。计算一下，每人每年循环再利用垃圾多少千克?

小组练习

③ a) 计算一下，每人每月产生废纸、废纸盒多少?

    b) 称出相同重量的印纸，看一看有多少?

    c) 你们全班每月产生废纸、废纸盒多少? 如何表示这个量的大小?

---

④ 一个住宅区里有 16 栋房子，住着 34 个居民，垃圾桶每个月清倒两次。借助题①里的数据，计算每次清倒垃圾桶时桶里平均有多少垃圾?

⑤ 在德国平均每年回收 9 500 千克玻璃。算一算每月、每周、每天大约回收玻璃多少千克?

⑥ 称出一个玻璃瓶的重量。然后计算一下，每年回收的玻璃能制作多少个玻璃瓶?

⑦	⑧	⑨	⑩	⑪
6 732 ÷ 12	36 710 ÷ 20	27 450 ÷ 15	351 375 ÷ 25	38 329 ÷ 13
4 044 ÷ 12	42 450 ÷ 30	50 325 ÷ 15	170 300 ÷ 25	18 932 ÷ 14
9 324 ÷ 12	79 080 ÷ 40	71 980 ÷ 15	482 630 ÷ 25	22 374 ÷ 16
5 556 ÷ 12	66 660 ÷ 50	99 995 ÷ 15	624 545 ÷ 25	28 712 ÷ 17

巧算。

① 17 + 26 + 13 =
54 + 18 + 16 =
31 + 47 + 29 =
48 + 15 + 32 + 65 =
23 + 79 + 77 + 21 =

② 92 − 28 − 32 =
85 − 36 − 45 =
78 − 19 − 58 =
67 − 25 − 17 =
104 − 59 − 34 =

③ 84 ÷ 7 =
72 ÷ 6 =
95 ÷ 5 =
68 ÷ 4 =
51 ÷ 3 =

④ 3 × 12 + 2 × 12 =
5 × 15 + 3 × 15 =
4 × 17 + 6 × 17 =
6 × 13 + 5 × 13 =
2 × 18 + 8 × 18 =

⑤ 56 000 + 34 000 =
43 000 + 27 000 =
25 500 + 64 500 =
18 200 + 71 800 =
80 090 + 12 010 =

⑥ 92 000 − 52 000 =
87 000 − 45 000 =
79 500 − 28 500 =
65 400 − 34 300 =
50 800 − 16 600 =

⑦ 400 × 30 =
800 × 60 =
250 × 40 =
120 × 50 =
345 × 20 =

⑧ 54 000 ÷ 6 =
48 000 ÷ 7 =
36 360 ÷ 9 =
24 240 ÷ 8 =
15 015 ÷ 5 =

运用第 59 页上的计算窍门解题。

⑨ 5 496 + 3 504 =
2 797 + 7 203 =
6 895 + 1 405 =
3 693 + 4 507 =
8 199 + 9 801 =

⑩ 7 654 − 5 996 =
4 817 − 2 999 =
8 193 − 6 998 =
5 325 − 3 995 =
9 982 − 7 997 =

⑪ 5 × 7 998 =
8 × 3 999 =
4 × 6 997 =
6 × 8 995 =
3 × 4 996 =

⑫ 6 320 ÷ 4 =
5 430 ÷ 3 =
7 240 ÷ 8 =
4 590 ÷ 9 =
3 618 ÷ 6 =

笔算。

⑬ 37 846 + 85 029 + 453 177
123 456 + 7 890 + 98 765
905 + 2 468 + 135 791
69 357 + 8 401 + 919 615

⑭ 654 321 − 456 789
804 408 − 595 959
776 655 − 445 566
900 003 − 609 194

⑮ 368 × 472
657 × 809
2 519 × 735
9 034 × 186

⑯ 456 789 ÷ 3
584 032 ÷ 8
637 395 ÷ 7
720 460 ÷ 9

找错。

⑰
```
   461 258
    79 846
 + 253 907
  1 1 2 1 1
  ─────────
   785 011
```

⑱
```
    1 1 1 1
   800 214
 − 539 637
   2 1  1
 ─────────
   270 477
```

⑲
```
    3 147 × 286
    ───────────
      6 284
     25 176
     18 842
    2 1  1
    ───────
    672 418
```

⑳
```
264 072 ÷ 6 = 4 412
24
──
 24
 24
 ──
  07
   6
  ──
  12
  12
  ──
   0
```

用箭头图辅助解题。

㉑ 一个数 x，加 47 200，除以 80，乘 900，减 240 000，得 300 000。

㉒ 一个数 y，除以 300 与 400 的积，加上 9 990 与 7 的和，减 12 000 与 3 000 的差，乘以 2 400 与 40 的商，得 60 000。

① 比较两个转盘赢的概率。使用下列词语：公平、不公平、可能、很可能、几乎不可能、绝不可能、一定。

② 雅妮娜转了 9 次幸运转盘 1，每次都选同一个数字。
   a) 她花了多少钱？
   b) 她最多能赢多少钱？
   c) 如果箭头指向每个数字的机率相同，那她赢了多少钱？
   d) 她要赢几次，才不会赔本？

③ 丽萨转了 4 次幸运转盘 2，每次都选同一个数字，她赢了两次。她可能选了哪个数？有可能是其他数吗？

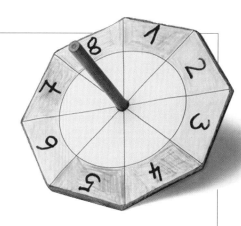

④ 李昂用纸板制作了一个八边形幸运转盘，上面标上数字 1~8，涂上红、黄、蓝、绿四色。如果你选的颜色或数字是转盘停下时立在桌上的这一边的数字和颜色，就赢了。请你们自己制作一个这样的幸运转盘。

双人练习

⑤ 判断一下，按下面的游戏规则赢的机会有多大？
   a) 遇偶数则赢   b) 遇数字 1~5 则赢
   c) 遇绿色则赢   d) 遇黄色则赢

⑥ 转幸运转盘 20 次，记录下结果。将结果与你们题⑤的判断结果进行比较。

⑦ 想一些游戏规则玩转转盘。

⑧ 掷硬币 12 次，几次数字朝上？掷 12 次硬币并用正字记录结果。谁的猜测最接近，谁就赢了。

⑨ 掷骰子 12 次，掷了几次 1 点？掷骰子并记录下结果。为什么现在更难赢了？

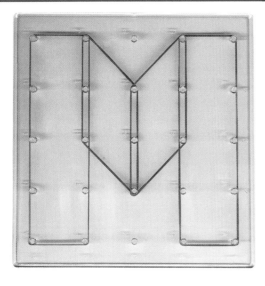

① 字母 M 是由哪些基本图形绷成的?

② 照图绷出这个字母,并把它画到点状格里。

③ 将相同的形状涂上相同的颜色。

④ 还有哪些字母可以用基本几何图形绷出来。然后按题②和③的要求完成画图和涂色。

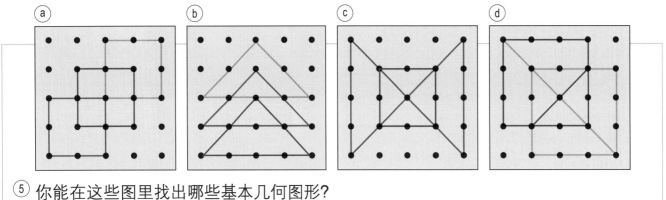

⑤ 你能在这些图里找出哪些基本几何图形?

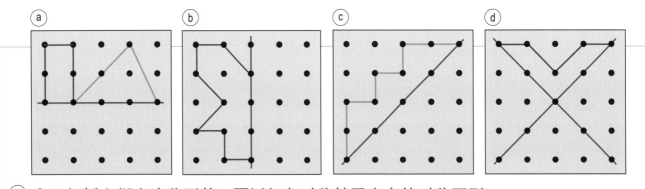

⑥ 在几何板上绷出这些形状,再以红色对称轴画出它的对称图形。

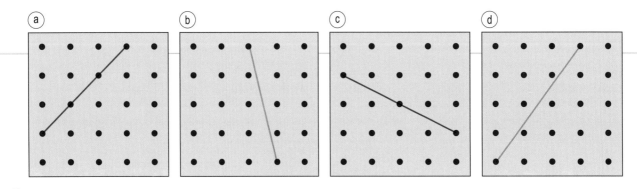

⑦ 每个几何板上都有一条直线,根据这条直线画出:
a) 尽可能多的平行线。　　b) 尽可能多的垂线。

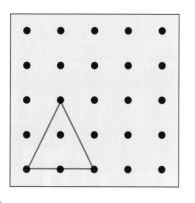  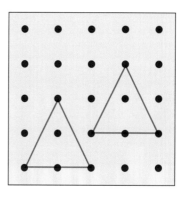

① 请解释平移指令。

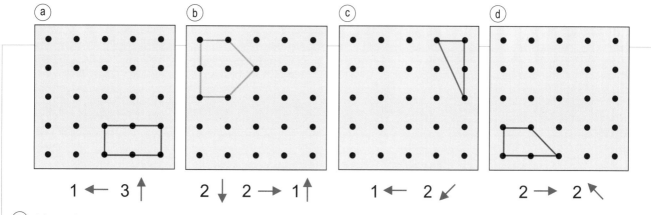

a) 1 ← 3 ↑　　b) 2 ↓ 2 → 1 ↑　　c) 1 ← 2 ↙　　d) 2 → 2 ↖

② 按指令平移几何板上的图形。

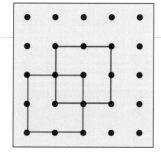 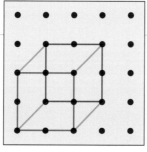

③ a) 平移一个正方形。平移指令：1 ↗

　　b) 两个方形的角连接起来，得到什么?

④ 用这种方法在几何板或点状格里制作多个正方体和长方体的图，说出每次的平移指令。

⑤ 用这种"技巧"，你就能在方格纸上画正方体和长方体了。步骤如下：

a) 画一个正方形（长方形）。　　c) 将它们的角连接起来。

b) 平移这个正方形（长方形）。　　d) 只把看得见的面涂上颜色。

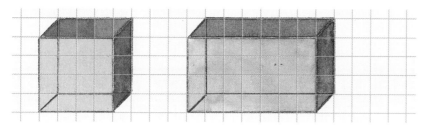 

§ 交换律

加法和乘法运算里，加数之间、乘数之间可以交换位置，和或积不变。

$$8 \times 7 = 7 \times 8$$
$$34 + 29 = 29 + 34$$

看看下面各题是不是用交换律计算更简便？

①
$$28 + 350 =$$
$$425 + 29 =$$
$$75 + 170 =$$
$$690 + 55 =$$

②
$$342 + 510 =$$
$$180 + 219 =$$
$$437 + 360 =$$
$$660 + 274 =$$

③
$$47 + 38 + 153 =$$
$$234 + 89 + 66 =$$
$$72 + 435 + 28 =$$
$$195 + 517 + 205 =$$

④
$$17 \times 4 =$$
$$14 \times 6 =$$
$$19 \times 3 =$$
$$18 \times 8 =$$

⑤
$$5 \times 35 =$$
$$8 \times 22 =$$
$$6 \times 38 =$$
$$3 \times 99 =$$

⑥
$$3 \times 5 \times 2 =$$
$$7 \times 2 \times 8 =$$
$$6 \times 5 \times 4 =$$
$$2 \times 6 \times 9 =$$

§ 带括号的运算法则 I

括号内的算式优先运算。

$$5 \times (56 - 17) =$$
$$5 \times \quad 39 \quad =$$

用带括号的运算法则 I 进行计算。

⑦
$$4 \times (23 + 42) =$$
$$5 \times (57 + 35) =$$
$$8 \times (91 - 84) =$$
$$7 \times (72 - 68) =$$

⑧
$$(231 + 56) \div 7 =$$
$$(96 \div 8) + 88 =$$
$$(145 + 35) \div 9 =$$
$$(112 - 98) \times 3 =$$

⑨
$$45 - (145 - 129) =$$
$$100 - (47 + 32) =$$
$$87 - (240 - 193) =$$
$$129 - (83 + 46) =$$

解下面每组题，你能发现什么规律？

⑩
$$113 - (98 - 12) =$$
$$(113 - 98) - 12 =$$

⑪
$$4 \times (12 + 36) =$$
$$(4 \times 12) + 36 =$$

⑫
$$15 + (45 \div 3) =$$
$$(15 + 45) \div 3 =$$

§ 先乘除后加减

×、÷ 运算先于 +、− 算运。

$$76 - 5 \times 7 =$$
$$76 - 35 \quad =$$

用"先乘除，后加减"法则解题。

⑬
$$82 - 3 \times 6 =$$
$$96 - 9 \times 5 =$$
$$77 - 7 \times 3 =$$
$$69 - 8 \times 8 =$$

⑭
$$39 + 12 \div 3 =$$
$$86 + 36 \div 6 =$$
$$24 + 5 \times 17 =$$
$$18 + 8 \times 13 =$$

⑮
$$34 - 63 \div 7 + 16 =$$
$$75 - 72 \div 9 - 27 =$$
$$51 + 24 \div 6 - 25 =$$
$$39 + 42 \div 7 + 55 =$$

解下面每组题，你能发现什么规律？

⑯
$$54 - 15 \times 3 =$$
$$(54 - 15) \times 3 =$$

⑰
$$63 + 35 \div 7 =$$
$$(63 + 35) \div 7 =$$

⑱
$$88 - 40 \div 8 =$$
$$(88 - 40) \div 8 =$$

想一想，计算下列算式须使用哪些运算法则。

第 96 页

⑲ a)
$$3 + 5 \times 2 - 18 \div 6 + 22 \div 11 =$$
$$3 + 10 - 3 + 2 =$$

⑲ a) $$3 + 5 \times 2 - 18 \div 6 + 22 \div 11 =$$
b) $$6 \times 5 + (24 - 17) - 21 + 14 =$$
c) $$9 \times (45 \div 5) + 36 \div 4 - 39 \div 3 =$$
d) $$64 - 3 \times 8 + 15 - (5 + 9) + 6 \times 8 =$$
e) $$35 \div (74 - 67) + (42 - 15) - 3 \times 4 =$$
f) $$(24 + 32) \div 8 - 54 \div 9 + 72 \div 8 =$$

以下面的算式为例，检验带括号的运算法则Ⅱ。

① (34 + 28) + 17 =   ② 25 + (9 + 41) =   ③ (16 + 38) + 14 =
34 + (28 + 17) =   (25 + 9) + 41 =   16 + (38 + 14) =

④ (3 × 9) × 2 =   ⑤ 5 × (6 × 8) =   ⑥ (4 × 9) × 6 =   ⑦ 2 × (8 × 6) =
3 × (9 × 2) =   (5 × 6) × 8 =   4 × (9 × 6) =   (2 × 8) × 6 =

§ 带括号的运算法则Ⅱ

加法和乘法运算里，括号可以随意添加，得数不变。

(31 + 27) + 42 =
31 + (27 + 42) =
3 × (4 × 5) =
(3 × 4) × 5 =

解下面每组题，你能发现什么规律？

⑧ 6 × (8 + 4) =   ⑨ 5 × (12 − 7) =   ⑩ 3 × (40 − 15) =
6 × 8 + 6 × 4 =   5 × 12 − 5 × 7 =   3 × 40 − 3 × 15 =

⑪ (28 − 14) ÷ 7 =   ⑫ (42 + 12) ÷ 6 =   ⑬ (56 − 48) ÷ 4 =
28 ÷ 7 − 14 ÷ 7 =   42 ÷ 6 + 12 ÷ 6 =   56 ÷ 4 − 48 ÷ 4 =

先使用分配律，再计算。

⑭ 8 × (6 + 15) =   ⑰ (64 − 24) ÷ 8 =   ⑳ (14 + 11) × 7 =
⑮ 6 × (9 − 3) =   ⑱ (45 − 18) ÷ 9 =   ㉑ (17 + 12) × 4 =
⑯ 3 × (16 + 13) = ⑲ (25 + 30) ÷ 5 =   ㉒ (24 + 16) × 5 =

§ 分配律

一些运算里可以用分配律。

3 × (5 + 8) =   (27 − 9) ÷ 3 =
3 × 5 + 3 × 8   27 ÷ 3 − 9 ÷ 3 =
(7 − 3) × 15 =   (35 + 40) ÷ 5 =
7 × 15 − 3 × 15 =   35 ÷ 5 + 40 ÷ 5 =

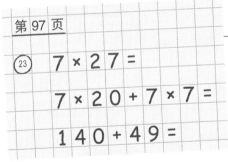

第 97 页

㉓ 7 × 27 =
    7 × 20 + 7 × 7 =
    140 + 49 =

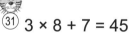 用分配律解下面各题。

㉓ 7 × 27 =   ㉕ 6 × 39 =   ㉗ 96 ÷ 6 =   ㉙ 144 ÷ 9 =
㉔ 4 × 18 =   ㉖ 8 × 72 =   ㉘ 91 ÷ 7 =   ㉚ 136 ÷ 8 =

给下面算式添上括号，使等式成立。

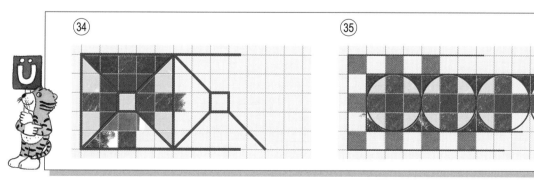

㉛ 3 × 8 + 7 = 45   ㉜ 540 ÷ 10 − 4 × 2 = 180   ㉝ 220 − 15 ÷ 3 + 2 = 217
35 − 27 ÷ 4 = 2   280 + 7 ÷ 12 − 5 = 41   380 ÷ 3 + 16 − 19 = 1
50 − 21 − 9 = 38   360 − 110 − 50 − 40 = 260   680 − 40 ÷ 320 ÷ 4 = 8

㉞   ㉟

用三种方法表示。

① 6 734 g
41 kg 500 g
10.085 kg

② 903 cm
2 m 61 cm
55.90 m

③ 14 312 ml
3 L 25 ml
12.300 L

④ 49 500 m
8 km 5 m
606.999 km

⑤ 35 856 kg
7 t 50 kg
84.001 t

⑥ 11 676 ct
9 € 5 ct
287.60 €

⑦ a) 36 981 加 954 027。
b) 200 138 减 58 496。
c) 1924 乘 705。
d) 135 432 除以 8。

⑧ a) 求 2095、74 389、612 的和。
b) 求 960 421 与 532 014 的差。
c) 求 680 和 374 的积。
d) 求 301 831 除以 15 的商。

⑨ 把下面的展开图放大后画下来，并补充完整。你能用这些展开图制作哪些几何体？

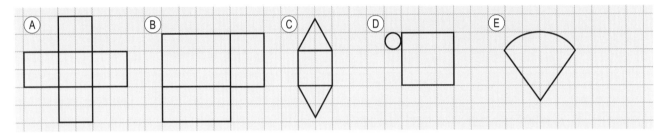

⑩ 马可有两根均为 1.25 米长的木条。手工课上他要把它们锯成 12 厘米长的小段。
a) 可以锯成几段？
b) 木条还能剩余多少？
c) 马可要锯几次？

⑪ 勒亚存钱买一辆自行车。她说："我已经存了 156 欧元，是自行车价格的四分之一。"她爷爷说："如果你继续努力存钱，自行车价格的三分之一就由我来出。"
a) 求自行车价格。
b) 勒亚从她爷爷那儿能得到多少钱？

⑫ 柱形图表示了动物们迁徙的距离（1方格柱高代表 100 千米）。测量并记录下动物们迁徙的距离。

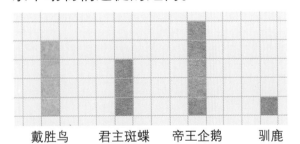

戴胜鸟　君主斑蝶　帝王企鹅　驯鹿

⑬ 北极燕鸥的迁徙距离 20 000 千米，蓝鲸的迁徙距离只有它的一半，鲑的迁徙距离是北极燕鸥的四分之一，白鳗的迁徙距离为 7 000 千米。用柱形图表示它们的迁徙距离。（5 毫米柱长表示 1000 千米）

⑭ 临摹下面的图形，并沿对称轴画出它的对称图形。

⑮ 把下面的图形放大两倍画在本子上。
a) 标出直角,把平行的线段涂上相同的颜色。
b) 数数图形中一共有多少个三角形和四边形。

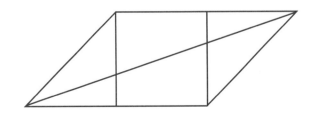

填上空缺的数字，并验算。

⑯
```
   4 6 2 🐾
 + 1 🐾 5 7
  🐾 4 🐾 8
```

⑱
```
   9 🐾 8 🐾
 - 6 2 🐾 2
  🐾 4 4 0
```

⑳
```
 🐾 2 0 🐾 × 6
 4 9 🐾 2 4
```

㉒
```
 5 🐾 1 2 ÷ 🐾 = 6 🐾 9
 4 8
 3 1
 2 🐾
 7 2
 7 2
   0
```

㉓
```
 🐾 0 8 0 ÷ 1 5 = 🐾 7 2
 6 0
 1 0 8
 1 0 5
   🐾 0
   3 0
     0
```

⑰
```
   2 4 🐾 3 6
 + 🐾 8 7 9 🐾
   6 🐾 9 3 1
```

⑲
```
   7 🐾 3 0 🐾
 - 2 8 🐾 9 6
  🐾 7 1 0 8
```

㉑
```
   🐾 7 1 4 × 5 8
   1 8 5 🐾 0
   2 9 7 1 2
  🐾 🐾 1 🐾 4 1 2
```

找规律，继续写出后面的至少 5 个数。

㉔ 43 100, 45 600, 48 100, 50 600, ……

㉕ 197 358, 182 358, 167 358, 152 358 ……

㉖ 61 090, 65 090, 64 890, 68 890, 68 690 ……

㉗ 52 904, 22 904, 62 904, 32 904, 72 904 ……

㉘ 数数这个模型由多少个立方体组成？

㉙ 画出模型的设计图。

㉚ 观察一下，这是模型哪个面的视图？
画出它另外三个面的视图。

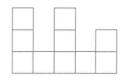

㉛ 四年级 8:15 准时开始远足，8 小时 20 分钟后回到学校。在路上大家花了四分之一的时间休息，剩余时间的三分之一在溪边玩耍。
a) 他们几点钟回到学校的？
b) 他们单纯走行的时间有多久？

㉜ 麦耶女士把小牧场用铁丝网围起来，围了四层。小牧场长 57 米，宽 38 米，4 米宽的门不围铁丝网。
a) 求小牧场的面积。
b) 铁丝网需要多少米？

㉝ 莱锡特先生运了 13 个相同重量的箱子，每个箱子重 26 975 千克。他的卡车空载时 9 340 千克，运输过程中卡车总重量 16 吨。
a) 莱锡特先生得运几趟？
b) 每趟运货比卡车的总重量少多少千克？

㉞ 小学你上了 3 900 个课时，每个课时 45 分钟。
a) 你一共上了多少分钟的课？
b) 合计多少小时？
c) 如果平均每天上四个课时，一共要上多少天学？

① 农夫福克斯的秤有四块秤砣：一块 1 千克、一块 3 千克、一块 9 千克、一块 27 千克。他说："用这四块秤砣能称 1~40 千克所有的重量。"是这样吗？

$9 + 27 \div 3 + 6 - 6 \div 3 \times 5 - 3 =$

② 老师出了一道题。阿丽萨的得数是 9，马克思得 11，法比安得 0，桑德拉得 20。
谁算对了？其他人错在哪儿？

③ 这块古代石板上按一定规律凿了一些数字。其中有些数字由于年代久远看不清了。请问，标字母的地方应该是什么数？

④ 一张报纸的照片上有四名足球运动员，请说出他们的场上位置、球服颜色和国籍。
- 一名守门员站在一个穿淡蓝色球服的球员旁边。
- 一名中场球员是巴西人。
- 第三名球员是后卫。
- 一名德国前锋穿白色球衣。
- 巴西球员穿红色球衣。
- 意大利球员站在德国球员和穿淡蓝色球服的球员中间。
- 那名前锋站在最左边。
- 站在绿色球衣球员旁边的是阿根廷球员。

⑤ 沙漠里生活着四个部落，每个部落有一片栖息地。因为只有一处水源，部落 A 和 D 不得不越过别的部落取水。请问怎样重新划分这块地区，让每个部落都能不越过别的部落直接取到水呢？

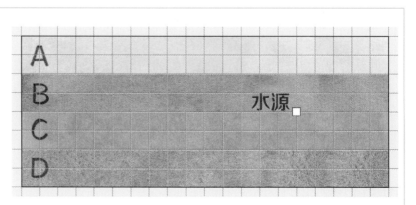

① 大家开动脑筋，设计一个数学游戏。你们可以这样进行：
- 先设定游戏的主题和内容（记数法、乘法、求面积等）
- 确定游戏方式（打纸牌、掷骰子、拼图、问答游戏等）
- 写下游戏规则
- 收集需要的材料（纸板、骰子……）
- 手工制作或画图
- 试玩一下，看是否需要作修改
- 向全班展示你设计的游戏

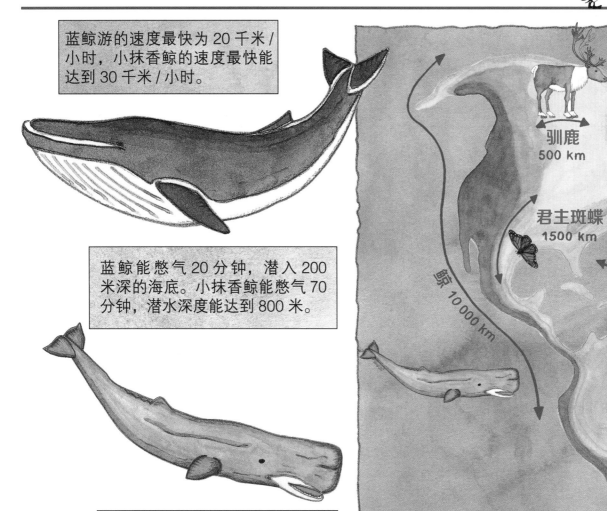

蓝鲸游的速度最快为 20 千米 / 小时，小抹香鲸的速度最快能达到 30 千米 / 小时。

蓝鲸能憋气 20 分钟，潜入 200 米深的海底。小抹香鲸能憋气 70 分钟，潜水深度能达到 800 米。

夏天，蓝鲸特别饿，一口能吞入 1000 升富含浮游生物的海水，闭上嘴，把海水从须板中间滤出来。这样，它每天吃 4 吨浮游生物和磷虾。

驯鹿
500 km

君主斑蝶
1500 km

鳗 7000 km

鲸 10 000 km

北

西　东

南

小组练习

① 这张地图告诉我们一些迁徙动物的迁徙路线。

　a) 把这些动物按它们迁徙的距离排序。

　b) 想一想，为什么它们要迁徙那么远的距离。

② 假设蓝鲸和小抹香鲸迁徙速度保持不变，那么它们迁徙 10 000 千米需要多久？
建议：列表计算。

③ a) 计算一下，蓝鲸每小时平均吞食多少千克食物。

　b) 将计算结果与你们的体重进行比较。

　c) 蓝鲸一口吞入的水可以装满几个浴缸？

④ a) 你们能憋气多长时间？与鲸类比较一下。

　b) 你们潜水能潜多深？与鲸类比较一下。

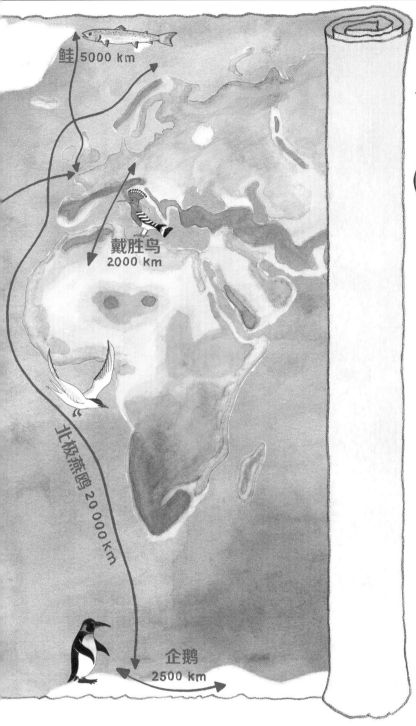

鲑 5000 km

戴胜鸟
2000 km

北极燕鸥 20 000 km

企鹅
2500 km

所有的欧鳗都出生在巴哈马附近的萨拉戈萨海，它们随着海湾洋流三年才到达欧洲。

经过三年的迁移，年轻的欧鳗大约 70 毫米长，待 12 岁成年时，有原来的 21 倍长。之后它们花一年时间游回萨拉戈萨海产卵。

君主斑蝶以每天 70 千米的速度向南迁移。

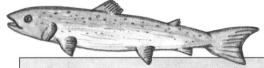

鲑鱼在北大西洋饱食之后，这种身长 90 厘米的大鱼就要溯流游回上游去产卵，沿途它们要克服重重困难。它们能跳 3 米高，6 米远。

⑤ a) 君主斑蝶迁徙要花多长时间？
b) 顺风时它一天能飞 300 千米。如果迁徙途中一路顺风，它需要多长时间？

⑥ 欧鳗向欧洲迁徙时平均每天游多少千米？

⑦ a) 一条成年欧鳗多长？
b) 欧鳗从欧洲到萨拉戈萨海平均每天游多少千米？

⑧ 北极燕鸥的迁徙距离最远，计算一下它比其他迁徙动物的迁徙距离远多少。

⑨ 北极燕鸥能跳多高多远？与鲑鱼进行比较。

⑩ 在辞书或互联网上找一找有关迁徙动物的其他信息。
自主设计相关内容的应用题。

卡尔·弗里德里西·高斯，1777 年出生于布劳恩施威克。他是位天才数学家，精通数学的多个领域。高斯能够通过心算解出非常复杂的算式，他相信自己在会说话之前就会算算术了。他的老师布特纳先生很早就发现了他的天赋。布特纳先生给全班出了一道题，从 1 加到 100。几分钟后，八岁的高斯就算出答案了。他给高斯买数学书，还帮助他上了中学。

$$1 + 2 + 3 + 4 + 5 + 6 + 7 + 8 + 9 + 10 =$$
$$10 + 9 + 8 + 7 + 6 + 5 + 4 + 3 + 2 + \ 1 =$$

① 从 1 加到 10。

② 请你把头尾对应的两个数分别相加。你能发现什么规律？

③ 用乘法运算把每组的和加起来，得数与题①的答案进行比较。

双人练习

⑥ 同时掷两颗骰子 50 次，每掷一次都把两颗骰子的点数相加。画"正"字得出每个得数出现的概率。

⑦ 哪几个得数出现的最频繁，哪几个出现的少？请作出解释。

⑧ 用柱形图表示你的结果，把柱长的最高点连接起来。

⑨ 把你们的柱形图与高斯的"钟形曲线"进行比较，能得出什么结论？

④ 解释一下，小高斯是如何算出从 1 加到 100 的答案？
请你巧算这道题。

⑤ 按高斯的计算方法求和。
a) 1 + 2 + 3……+ 20
b) 1 + 2 + 3……+ 50
c) 11 + 12 + 13……+ 20
d) 25 + 26 + 27……+ 75

卡尔·弗里德里希·高斯发现了钟形曲线。借助这一曲线，可以证明同时掷两颗骰子时，获得的点数的和为 6、7、8 的概率高于 2、3、11、12。

高斯闻名于世，他的头像被印在邮票、硬币和纸钞上。

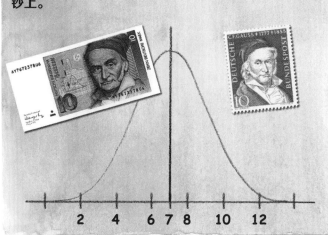

① 想一想，我们用电能做什么？

② 人们可以在不污染环境的前提下对能源进行开采。谈一谈图中的四种能源开采方式，还有别的能源开采方式吗？

③ 太阳能、生物能、风能、水能都是可再生能源。在互联网或辞书里查找有关这些能源的资料，制一张大纸板展示你的成果。

④ 可再生能源在电能的生产中越来越重要，你们想一想这是为什么？

⑤ 海里根贝格小学在屋顶用太阳能光伏发电设备发电，每生产 1 度电，学校能赚 48 欧分。去年总共发电 23 158 度。同时年耗电量 23 672 度，每耗电 1 度花费 28 欧分。请分别计算发电的收入和耗电的开支。

居民户大小	用电量（度 / 年）		
	比较节约	平均水平	比较浪费
一口人	750	1700	3 000
两口人	1450	3 000	5 400
三口之家	1 800	3 800	7 000
四口之家	2 150	4 400	8 000
五口之家	2 450	5 000	9 000

⑥ 你家一年的用电量是多少？与表格里的情况作一个比较。

⑦ 计算你们家中人均用电量和人均电费是多少。

⑧ 想一想有哪些省电的办法。

① 这是瑞士弗里堡附近的欧特里沃修道院的十字回廊。找一找图中十字回廊的三花窗、四花窗和五花窗。

② 你能在教堂窗子上找到多少个三花窗和四花窗？

③ 找一找你的周围有没有类似的花纹和图案？

④ 画一个四花窗，描述一下你是怎么画的。
提示：先画一个正方形作辅助图形。

⑤ 再试着画一个三花窗和一个六花窗，它们分别需要什么图形作辅助？

四花窗　五花窗

⑥ 这是教堂里的两块马赛克地砖。想一想，这些图案是怎样设计出来的，并尽量准确的临摹下来。可以使用圆规和三角板。

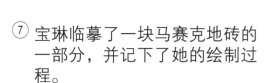

⑦ 宝琳临摹了一块马赛克地砖的一部分，并记下了她的绘制过程。

a) 请根据宝琳的描述画出这块马赛克。

b) 把这块马赛克继续画下去。

• 画一个边长为4厘米的正方形。
• 以正方形的中心为圆心，画一个 r＝2厘米的圆。
• 分别以正方形的四个顶角为圆心，画1/4个圆（r＝2厘米）。
• 最后画上小正方形。

 小组练习

⑧ 自己用圆规和三角板设计一块地砖花纹，然后复制，铺满整块"地板"。

⑨ 展示你们的"地板"，描述上面有哪些几何图形和颜色。

① 可以从这些图里看出哪些分数?

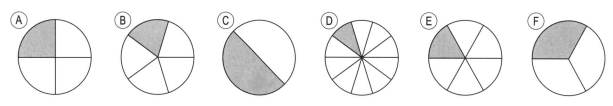

② 圆Ⓐ～Ⓕ的阴影部分分别表示二分之一、三分之一、四分之一、五分之一、六分之一、十分之一,找出这些分数对应的圆。解释一下这些"几分之几"是怎么来的。

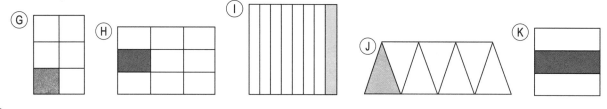

③ 写出图形Ⓖ～Ⓚ中的阴影部分分别表示的分数。

④ a) 剪下一个半径 10 厘米的圆,把它折三下。

b) 再把圆打开,按折痕剪开,看看圆被分成了几份? 其中的一份叫什么?

⑤ 拼出下面的份数。

a) 八分之二 ($\frac{2}{8}$)   b) 八分之七 ($\frac{7}{8}$)

c) 八分之五 ($\frac{5}{8}$)   d) 二分之一 ($\frac{1}{2}$)

e) 四分之一 ($\frac{1}{4}$)   f) 四分之三 ($\frac{3}{4}$)

双人练习

⑥ 一人把两个圆分别分成若干等份,把其中几份拼在一起,另一人用分数表示。

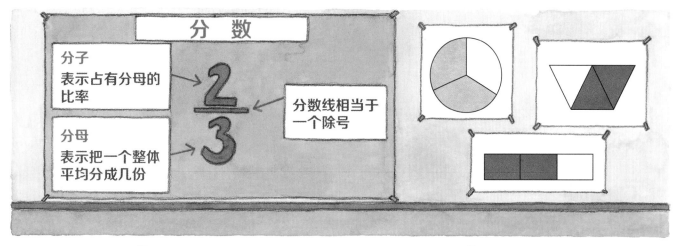

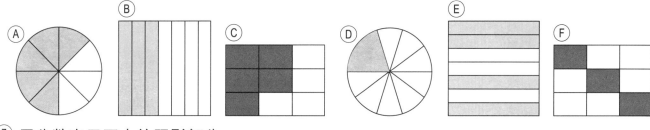

⑦ 用分数表示图中的阴影部分。

⑧ 用圆或长方形的阴影部分来表示下面的分数：　　a) $\frac{1}{4}$　b) $\frac{3}{4}$　c) $\frac{1}{3}$　d) $\frac{3}{6}$　e) $\frac{6}{9}$　f) $\frac{7}{10}$

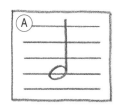
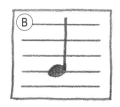

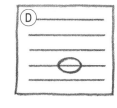

⑨ 音乐里也用到分数。哪个音符是全音符？哪个是二分音符、四分音符、八分音符？

⑩ 四四拍表示每小节里所有音符的音值等于一个全音符。每小节里还少了哪些音符？

⑪ 用第 116 页上的圆的等份来拼图，并解答下列问题。

a) $\frac{3}{8} + \frac{4}{8} =$　　b) $\frac{2}{8} + \frac{6}{8} =$　　c) $\frac{5}{8} + \frac{1}{8} =$　　d) $\frac{1}{4} + \frac{3}{8} =$　　e) $\frac{1}{4} + \frac{1}{2} =$

f) $\frac{7}{8} - \frac{2}{8} =$　　g) $\frac{8}{8} - \frac{4}{8} =$　　h) $\frac{6}{8} - \frac{4}{8} =$　　i) $\frac{1}{2} - \frac{3}{8} =$　　j) $\frac{3}{4} - \frac{1}{2} =$

弗莱堡佩斯塔罗茨小学四年级的三个班各自计划在小学毕业之际举办毕业旅游。

● 四年级 a 班的 22 个孩子打算去黑森林地区蒂蒂湖畔远足，在青年旅舍住宿。

● 四年级 b 班的 24 个孩子想骑自行车沿博登湖西端康斯坦茨骑行，在青少年露营地住宿。

● 四年级 c 班的 20 个孩子想乘巴士去多瑙河畔西格马林根乘坐各种各样的小舟游玩，在青年旅舍住宿。

大家在筹备阶段找到下列旅游产品及价格。

博登湖畔青少年露营地

每人每晚住宿费	4 €

（不提供伙食）

多瑙河舟船租赁

一日游

学生票（单人）12 €

返程票　　　3 € ~ 5 €

黑森林青年旅舍

每人每晚住宿费

含早餐	20.80 €
含早晚餐	26.30 €
全部膳宿	30.50 €

火车票（团体）

弗莱堡 — 蒂蒂湖
往返票（22 名小孩、2 名成人）　110 €

弗莱堡 — 康斯坦茨
往返票（24 名小孩、2 名成人、26 辆自行车）
　　　　　　　　　　　684 €

迪驰巴士旅游公司

巴士票
弗莱堡 — 西格马林根

单程票	490 €
返程票	490 €

① 假设他们在外住宿两晚，计算每个班每个孩子的花费。多瑙河畔的青年旅舍比黑森林青年旅舍的单价贵 1.50 欧元。

小组练习

② 为你们的班级计划一次春游，考虑好你们想玩什么？打算路上花多长时间？计算每人总共的花费，包括乘车、住宿、伙食、门票、租金，等等。

③ 不是所有的父母都支付得起费用那么高的出游。
想一想，你们可以用哪些办法筹集你们旅游的钱款呢？

口 算。

① 64 + 46 =
382 + 28 =
7956 + 74 =
59897 + 53 =
439975 + 85 =

② 33 + 57 =
420 + 380 =
5400 + 3600 =
18000 + 62000 =
290000 + 710000 =

③ 91 − 31 =
234 − 64 =
8619 − 59 =
95742 − 72 =
608027 − 97 =

④ 78 − 57 =
930 − 630 =
6400 − 3400 =
81000 − 51000 =
560000 − 460000 =

⑤ 480 + 370 =
690 + 150 =
530 + 280 =
340 + 590 =
170 + 760 =

⑥ 290000 + 650000 =
730000 + 190000 =
460000 + 370000 =
580000 + 240000 =
350000 + 480000 =

⑦ 920 − 630 =
840 − 570 =
760 − 390 =
610 − 440 =
530 − 280 =

⑧ 420000 − 270000 =
670000 − 380000 =
510000 − 190000 =
970000 − 460000 =
730000 − 550000 =

找规律。

⑨ 34850 + □ = 35150
42760 + □ = 43240
61590 + □ = 62410
76630 + □ = 77370
59920 + □ = 60808

⑩ 84230 − □ = 83770
68370 − □ = 67630
95180 − □ = 94820
79440 − □ = 78560
50050 − □ = 49950

⑪ 123456 + 43 =
123456 + 343 =
123456 + 643 =
……

⑫ 876543 − 30 =
876543 − 2030 =
876543 − 4030 =
……

⑬ 234000 + 116000 =
234000 + 114000 =
234000 + 112000 =
……

⑭ a) 222000, 244000, 266000……
b) 314982, 354982, 394982……
c) 999000, 966000, 933000……
d) 876543, 856543, 836543……

⑮ 345000 − 215000 =
365000 − 210000 =
385000 − 205000 =
……

笔 算。

⑯ a) 456700, 561700, 558700, 563700, 560700……
b) 513765, 543765, 523765, 553765, 533765……
c) 987000, 972000, 976000, 961000, 965000……
d) 890123, 840123, 880123, 830123, 870123……

⑰ 求 5813、76492、109352、299087 分别与下面各个数的和，并用概算法进行验算。
a) 573894   e) 67291   i) 364289
b) 419268   f) 123456   j) 679852
c) 700777   g) 286310   k) 98765
d) 89653   h) 600579   l) 809706

⑱ 求 987654、800420、715026、821402 分别与下面各个数的差，并用逆运算进行验算。
a) 543210   e) 98765   i) 468913
b) 609572   f) 378096   j) 89009
c) 99999   g) 659837   k) 157462
d) 456789   h) 198765   l) 203045

口 算。

① 1 × 12 =　3 × 12 =
　2 × 12 =　6 × 12 =
　4 × 12 =　9 × 12 =
　8 × 12 =　5 × 12 =
　7 × 12 =　10 × 12 =

② 1 × 15 =　3 × 15 =
　2 × 15 =　6 × 15 =
　4 × 15 =　9 × 15 =
　8 × 15 =　5 × 15 =
　7 × 15 =　10 × 15 =

③ 1 × 13 =　3 × 13 =
　2 × 13 =　6 × 13 =
　4 × 13 =　9 × 13 =
　8 × 13 =　5 × 13 =
　7 × 13 =　10 × 13 =

④ 1 × 14 =　3 × 14 =
　2 × 14 =　6 × 14 =
　4 × 14 =　9 × 14 =
　8 × 14 =　5 × 14 =
　7 × 14 =10 × 14 =

⑤ 39 ÷ 3 =
　45 ÷ 3 =
　51 ÷ 3 =
　42 ÷ 3 =
　57 ÷ 3 =

⑥ 48 ÷ 4 =
　60 ÷ 4 =
　52 ÷ 4 =
　76 ÷ 4 =
　64 ÷ 4 =

⑦ 60 ÷ 5 =
　85 ÷ 5 =
　70 ÷ 5 =
　95 ÷ 5 =
　80 ÷ 5 =

⑧ 78 ÷ 6 =
　84 ÷ 6 =
　96 ÷ 6 =
　102 ÷ 6 =
　114 ÷ 6 =

⑨ 84 ÷ 7 =
　98 ÷ 7 =
　112 ÷ 7 =
　91 ÷ 7 =
　133 ÷ 7 =

⑩ 96 ÷ 8 =
　112 ÷ 8 =
　136 ÷ 8 =
　152 ÷ 8 =
　120 ÷ 8 =

⑪ 130 × 4 =
　150 × 7 =
　120 × 5 =
　140 × 6 =
　160 × 3 =

⑫ 240 × 3 =
　250 × 4 =
　260 × 5 =
　280 × 6 =
　290 × 7 =

⑬ 6 000 × 30 =
　5 000 × 70 =
　3 000 × 80 =
　7 000 × 40 =
　4 000 × 90 =

⑭ 420 ÷ 6 =
　540 ÷ 9 =
　720 ÷ 8 =
　280 ÷ 7 =
　360 ÷ 4 =

⑮ 3 000 ÷ 50 =
　4 500 ÷ 90 =
　6 400 ÷ 80 =
　3 200 ÷ 40 =
　2 700 ÷ 30 =

⑯ 180 000 ÷ 300 =
　240 000 ÷ 800 =
　480 000 ÷ 600 =
　350 000 ÷ 700 =
　200 000 ÷ 400 =

找规律。

⑰ 1 × 20 =
　2 × 20 =
　4 × 20 =
　……

⑱ 90 × 10 =
　80 × 20 =
　70 × 30 =
　……

⑲ 7 × 200 =
　7 × 250 =
　7 × 300 =
　……

⑳ 950 000 ÷ 500 =
　900 000 ÷ 500 =
　850 000 ÷ 500 =
　……

㉑ 120 ÷ 20 =
　240 ÷ 40 =
　480 ÷ 80 =
　……

㉒ a) 13, 26, 52, 104……
　b) 3, 9, 6, 18, 15, 45, 42……
　c) 80, 40, 160, 120, 480……
　d) 2, 4, 20, 40, 200……

㉓ a) 960 000, 480 000, 240 000……
　b) 2 000 000, 400 000, 80 000……
　c) 3, 12, 6, 24, 12, 48, 24……
　d) 6, 2, 12, 4, 24, 8……

笔 算。

㉔ 求 6、9、17、82、394、518 分别乘
　以下面各个数的积,并用概算法进行
　验算。
　a) 427　　　e) 963　　　i) 1234
　b) 358　　　f) 876　　　j) 3075
　c) 603　　　g) 741　　　k) 2972
　d) 295　　　h) 584　　　l) 4810

㉕ 求 6、7、8、9、12、15 分别除下
　面各个数的商,并用逆运算进行验
　算。
　a) 4682　　e) 53971　　i) 648153
　b) 7523　　f) 36042　　j)987654
　c) 1094　　g) 41993　　k)123456
　d) 3107　　h) 20164　　l)800765